流行川菜

邱克洪 编著

甘肃科学技术出版社

图书在版编目（CIP）数据

流行川菜 / 邱克洪编著. -- 兰州：甘肃科学技术出版社，2017.10
ISBN 978-7-5424-2439-6

Ⅰ. ①流… Ⅱ. ①邱… Ⅲ. ①川菜－菜谱 Ⅳ. ①TS972.182.71

中国版本图书馆CIP数据核字(2017)第235233号

流行川菜
LIUXING CHUANCAI

邱克洪　编著

出 版 人	王永生
责任编辑	黄培武
封面设计	深圳市金版文化发展股份有限公司

出　　版	甘肃科学技术出版社
社　　址	兰州市读者大道568号　730030
网　　址	www.gskejipress.com
电　　话	0931-8773238（编辑部）　0931-8773237（发行部）
京东官方旗舰店	http://mall.jd.com/index-655807.html

发　行	甘肃科学技术出版社	印　刷	深圳市雅佳图印刷有限公司	
开　本	720mm×1016mm　1/16	印　张	10　字　数　170千字	
版　次	2018年1月第1版	印　次	2018年1月第1次印刷	
印　数	1～5000			
书　号	ISBN 978-7-5424-2439-6			
定　价	29.80元			

图书若有破损、缺页可随时与本社联系：13825671069
本书所有内容经作者同意授权，并许可使用
未经同意，不得以任何形式复制转载

PREFACE

序言

为什么川菜这样火？

今天，吃川菜、啖火锅、品川味小吃，已然是一种美食现象、美食潮流，甚至成为全国许多家庭的日常生活方式。于是，人们不禁会问：川味为什么这样火？

我们以为，川味首先火在"麻辣"的霸道和丰富层次。麻辣的霸道在于对味觉的冲击有横扫之势，麻辣过处，其他味道皆成配角。同时，必须清楚的是，川味的麻辣不是干麻干辣，而必须在麻辣中透出香！是香辣香麻。没有香的麻辣，犹如没有灵魂的驱壳，断无生命力。还必须清楚的是，川味的麻辣是立体的，有层次感的麻辣。豆瓣、干椒、鲜椒、泡椒、椒粉、红油、麻油，两种原料、不同细类的不同运用，演绎出川味精彩纷呈的麻辣诱惑。

其次火在味型丰富，麻辣、香辣、鲜辣、酸辣、鱼香、糊辣、红油、家常、荔枝、糖醋、甜香、咸甜、蒜泥、姜汁、椒麻、芥末、五香、烟香、咸鲜、麻酱、黑椒、咖喱、耗油、茄汁，不同味感的轮番转换的体验，强烈又和谐，正应了人们"大快朵颐"的饮食审美渴求。

PREFACE

那么,川味的这种美,来自何处?

川味之美来自巴蜀人"尚滋味""好辛香"的传统,一个"辛"字,点出了川味之魂,也贯穿在川味文化发展史的始终。从2000年前就声名在外的"蜀椒"(即花椒),到200多年前引进辣椒之后,四川人终于在"辛"的味觉传统精神下,打造出个性独特、震古烁今、影响深广的"麻辣"传奇,成为川味活力四射,激情飞扬,向全国、全世界穿透的核心竞争力。

川味之美也来自于四川的移民。从战国秦王朝始到清末,五次大规模外来移民,不仅带来了新的原料、新的技艺,也带来了新的味道、新的思维。并在历史的长河中,动态调整、包容发展,终于在晚清形成了具有取材广、味型多、技艺丰、风格显、"一菜一格,百菜百味"的现代意义上的川菜王国。

最后,川味之美源于民间,源于千家万户普通人家的历史经验和生活积累;也来自于热爱川菜、富有天赋的四川的专业川菜厨师们,他们从民间走来,又用自己的理解、智慧、悟性对民间川菜给予了提升和创新,为川菜火向全国和世界立下了不可磨灭的功绩。所以,四川不仅是视觉的天堂,也是味觉的江湖。

总之,川味由天下人同烹,也注定成为天下人的共同美食。

目录 Contents

第一篇 凉菜卷

001 大刀耳片	2	019 馋嘴鸡	17
002 蒜香白肉	3	020 川味凉粉鸡	17
003 冲菜肚丝	4	021 四川樟茶鸭	18
004 川东乡村蹄	4	022 罗汉笋红汤鸡	18
005 香辣兔肉丝	5	023 芥末鸭掌	19
006 泡椒凤爪	6	024 卤鸭翅	20
007 葱椒腰花	7	025 香辣卤鸭舌	21
008 棒棒鸡	8	026 剁椒鹅肠	21
009 小米椒姜汁牛肉	9	027 葱油金针菇	22
010 成都老肺片	9	028 桂花甜藕	23
011 风味麻辣牛肉	10	029 川味凉拌苦菊	24
012 卤水金钱肚	11	030 冰镇樱桃萝卜	24
013 口水牛百叶	12	031 豉香鲫鱼	25
014 拌牛百叶	12	032 陈醋黄瓜蜇皮	26
015 川厨老坛子	13	033 红油竹笋	27
016 葱椒鸡	14	034 红油腐竹	28
017 双椒香麻鸡	15	035 姜汁豇豆	29
018 酱板鸭	16	036 韭香蚕豆	30
		037 凉拌秋葵	31
		038 捣茄子	32
		039 剁椒茄子	33
		040 红果山药	34

热菜卷

第二篇

001	水煮烧白	36
002	锅巴肉片	36
003	白椒炒风吹肉	37
004	茶树菇炒五花肉	38
005	冬笋腊肉	39
006	酥爽回锅肉	40
007	一品水煮肉	41
008	尖椒烧猪尾	42
009	蒜香排骨	43
010	花开富贵	44
011	虹口大排	45
012	剁椒排骨	45
013	老干妈排骨	46
014	青椒焖猪蹄	47
015	泡椒肥肠	48
016	干煸肥肠	48
017	霸王肥肠	49
018	石锅肥肠	50
019	宫保腰花	51
020	爆炒脆脆肠	51
021	串烧牛柳	52
022	大山腰片	52
023	干锅烟笋焖腊肉	53
024	石锅芋儿猪蹄	53
025	自贡水煮牛肉	54
026	野山椒牛肉	55
027	竹网小椒牛肉	56
028	竹签牛肉	56
029	牙签牛肉	57
030	干锅五花肉菜	58
031	石煲香菇牛腩	59
032	姜丝炒牛肉	60
033	农家牛肉片	61
034	菠萝鸡丁	61
035	红椒牛肉	62
036	香辣牛腩煲	63
037	酸汤肥牛	64
038	山椒爽肥牛	64
039	椒香肥牛	65
040	毛血旺	66
041	泼辣羊肉	67
042	干锅香辣毛肚	67
043	爆炒羊肚丝	68
044	铁板羊里脊	69
045	椒麻香兔肉	70
046	霸王兔	70
047	花椒鸡	71
048	麻辣怪味鸡	72
049	江湖芋儿鸡	73

050	重庆烧鸡公	74	
051	招牌泼辣鸡	75	
052	泡椒三黄鸡	75	
053	泡椒鸡胗	76	
054	辣子跳跳骨	77	
055	芙蓉鸡片	78	
056	山城香锅鸡	78	
057	椒盐鸡脆骨	79	
058	芽菜碎米鸡	80	
059	酥椒鸡块	80	
060	香锅鸡翅	81	
061	贵妃鸡翅	81	
062	干锅豆干鸡	82	
063	干锅蜀香鸡	83	
064	火腿炒鸡蛋	84	
065	蒜爆干锅鸡	84	
066	鸡蛋炒百合	85	
067	香辣鸡翅	86	
068	文蛤蒸鸡蛋	87	
069	蛤蜊蒸鸡蛋	88	
070	丁香鸭	89	
071	巴蜀醉仙鸭	89	
072	市桶鸭肠	90	
073	秘制鸭	91	
074	苦笋粉鸭掌	92	
075	霸王鸭肠	92	
076	酱板鸭	93	
077	馋嘴鸭掌	94	
078	干锅将军鸭	95	
079	鸭血焖鸡杂	95	
080	爆炒鸽杂	96	
081	乳鸽煲	96	
082	椒盐鸭舌	97	
083	黄芪水煮鱼	98	
084	川西泼辣鱼	99	
085	香辣砂锅鱼	100	
086	川式风味鱼	101	
087	川府酥香鱼	101	
088	糊辣酱香鱼	102	
089	豆花鱼片	103	
090	香菜烤鲫鱼	104	
091	巴蜀香煮鲈鱼	104	
092	爆炒生鱼片	105	
093	豆豉蒸鳕鱼	106	
094	荷香蒸甲鱼	107	
095	生爆水鱼	108	
096	核桃仁虾球	109	
097	豆豉剁椒蒸泥鳅	109	
098	粉丝蒸扇贝	110	
099	铁板鱿鱼筒	110	
100	干锅带鱼	111	
101	渝香田螺肉	111	
102	荷叶蒸牛蛙	112	
103	串串香辣虾	113	
104	干锅香辣虾	114	

105 干锅小龙虾	114	122 板栗焖香菇	128
106 椒盐濑尿虾	115	123 鲜菇烩鸽蛋	129
107 蜜汁南瓜	116	124 干锅娃娃菜	130
108 八宝南瓜	117	125 干锅双笋	131
109 板栗娃娃菜	118	126 干锅白萝卜	131
110 豇豆煸茄子	119	127 草菇芥蓝	132
111 沸腾蚕豆	120	128 酱香茶树菇	133
112 鱼香茄子煲	120	129 江山鸡豆花	134
113 香菇烧冬笋	121	130 川府嫩豆花	134
114 干贝芥菜	122	131 鱼香脆皮豆腐	135
115 韭菜锅巴	123	132 香辣铁板豆腐	136
116 红烧双菇	124	133 豆腐酿肉馅	137
117 三鲜滑子菇	125	134 锅塌酿豆腐	137
118 上汤西洋菜	125	135 八珍豆腐	138
119 鲍汁扣花菇	126	136 百花蛋香豆腐	139
120 金沙玉米粒	126	137 风味柴火豆腐	140
121 干锅茶树菇	127	138 蟹黄豆腐	141
		139 铁板日本豆腐	142

第三篇 汤菜卷

001 萝卜牛尾汤	144		
002 白萝卜炖牛肉	144	009 人参鸡汤	149
003 当归羊肉汤	145	010 珍珠三鲜汤	150
004 玉米须芦笋鸭汤	146	011 老龟汤	151
005 莲藕炖排骨	147	012 酸萝卜江团鱼汤	151
006 羊肉炖萝卜	147	013 杂菌鲜虾汤	152
007 白果炖鸡	148	014 草菇竹荪汤	152
008 萝卜炖大骨汤	148		

流行川菜

【第一篇·凉菜卷】

　　凉菜是川菜的重要组成部分。其选料精良，制作精细，装盘考究，烹法多样，味型丰富，用之宴席，既能增加席面的色彩，又能体现川菜浓郁的地方风味，因此有迎宾菜、见面菜之称。

大刀耳片 001

特点 | 耳片脆嫩爽口。

主辅料：

猪耳、黄瓜。

调料：

精盐、味精、花椒油、辣椒油、鲜汤、熟白芝麻、葱花、白糖各适量。

制作程序：

1. 猪耳洗净，放入加有姜片、葱段的沸水中煮熟，捞出用模具压制成型，放入冰箱中冷制12小时；黄瓜切成片。

2. 将冷制后的猪耳切成片，放入垫有黄瓜片的盘中，淋上用精盐、味精、花椒油、辣椒油、鲜汤、白糖调成的味汁，撒上芝麻、葱花即可。

【操作要领】

猪耳一定要切成大而薄的片。调味汁时要掌握好各种调料的用量比例。

蒜香白肉　✿ 002

特点 | 蒜味浓厚，肥而不腻。

主辅料：

五花肉、蒜。

调料：

盐、辣椒酱、酱油、红油、醋各适量。

制作程序：

1. 蒜去皮洗净，切末；五花肉洗净，切片。
2. 锅注水烧开，加盐，放入五花肉煮熟后，捞出摆盘。
3. 起油锅，入蒜末、盐、辣椒酱、酱油、红油、醋炒匀，淋在盘中的五花肉上即可。

【操作要领】

将五花肉放入清水中连皮烹煮，可使汤汁浓稠油亮。

4 流行川菜

❀ 003
冲菜肚丝

特点 | 肚丝咸鲜香辣，柔嫩爽脆。

主辅料：

猪肚丝、冲菜、熟花生米。

调料：

盐、味精、醋、老抽、辣椒油、蒜苗段各适量。

制作程序：

1. 冲菜切段焯煮装盘。
2. 猪肚丝入沸水锅氽熟后装碗，加盐、味精、醋、老抽、辣椒油、蒜苗段拌匀，与熟花生米一起放入装有冲菜的盘中即可。

【操作要领】

要拽掉猪肚表面成块的肥油。

❀ 004
川东乡村蹄

特点 | 风味独特，蒜香味浓厚。

主辅料：

猪蹄、红辣椒。

调料：

蒜蓉、红油、香油、盐、味精各适量。

制作程序：

1. 猪蹄洗净，放开水中氽熟，捞起沥干水，剔除骨，切成薄片。
2. 红辣椒洗净，切圈。
3. 锅烧热下油，下蒜蓉、红辣椒圈爆香，下其他调味料和蹄片，加清水，煮至入味，盛盘即可。

【操作要领】

选择新鲜、大小均匀的猪蹄，要求表面无瘀血。

005 香辣兔肉丝

特点 | 色泽红亮，耙香酥软。

主辅料：
兔肉。

调料：
盐、味精、香油、花椒、姜片、熟芝麻各适量。

制作程序：
1. 兔肉治净切丝，放入开水中烫一下，捞出沥干水分。
2. 将盐、花椒、味精、姜片、香油、兔肉丝一起放入锅中，卤1小时，捞出，装入盘中，撒上熟芝麻即可。

【操作要领】
所有肉类卤之前都要先飞一下水。

泡椒凤爪

特点 麻辣有滋、皮韧肉香。

006

主辅料：
鸡爪、朝天椒、泡小米椒、泡椒水、姜片、葱结。

调料：
料酒适量。

制作程序：
1. 锅中注入清水烧开，倒入葱结、姜片、料酒、鸡爪，拌匀，用中火煮至鸡爪肉皮胀发，揭盖，捞出鸡爪，装盘。
2. 把放凉后的鸡爪剁去爪尖，装入盘中，待用。
3. 把泡小米椒、朝天椒放入泡椒水中，放入鸡爪，使其浸入水中，封上一层保鲜膜，静置约3小时，至其入味。
4. 撕开保鲜膜，用筷子将鸡爪夹入盘中，点缀上朝天椒与泡小米椒即可。

【操作要领】
鸡爪一定要过冷水，能起到爽口的作用。

007
葱椒腰花

特点 | 味道醇厚，滑润不腻。

主辅料：
猪腰、泡椒。

调料：
盐、大葱、熟芝麻、红油、香菜各适量。

制作程序：
1. 猪腰洗净，切凤尾花刀；泡椒切段；大葱洗净，葱白切长段，其余切末；香菜洗净切段。
2. 油锅烧热，煸香泡椒、葱白，下猪腰炒熟。
3. 加盐、红油调味，撒上葱末、熟芝麻及香菜即可。

【操作要领】
一定要去除腰花中间的白色筋膜。

008 棒棒鸡

特点 | 其味型属于"怪味",辣、鲜、咸、香各味俱备。

主辅料:
鸡胸肉、熟芝麻、蒜末、葱花。

调料:
盐、料酒、鸡粉、辣椒油、醋、芝麻酱各适量。

制作程序:

1. 锅中注水烧开,放入整块鸡胸肉,放入盐,淋入适量料酒,加盖,小火煮15分钟至熟,捞出。
2. 鸡胸肉用擀面杖敲打松散,用手把鸡胸肉撕成鸡丝。
3. 把鸡丝装入碗中,放入蒜末和葱花,加入盐、鸡粉,淋入辣椒油、陈醋,放入芝麻酱,拌匀调味。
4. 装入盘中,撒上熟芝麻和葱花即可。

【操作要领】

口味可根据自己爱好有所调整。

009
小米椒姜汁牛肉

特点 | 口味鲜香，鲜辣爽口，姜汁味浓。

主辅料：
牛肉、小米椒、高汤。

调料：
芝麻、葱花、姜汁、香油、盐各适量。

制作程序：
1. 牛肉洗净，切薄片，用盐腌渍片刻；小米椒洗净，切圈。
2. 锅置火上，加油烧热，下入小米椒和芝麻炒香，注入适量高汤烧开，倒入牛肉片，加入适量姜汁炖至熟。
3. 然后加入盐调味，起锅装盘，淋上适量香油，撒上葱花即可。

【操作要领】
牛肉腌渍后再烹制，吃起来更软嫩。

010
成都老肺片

特点 | 色泽美观，质嫩味鲜，麻辣浓香，非常适口。

主辅料：
牛肉、牛肚、牛舌、盐炒花生米、熟芝麻。

调料：
卤水、酱油、花椒粉、八角、花椒、肉桂、盐、白酒、辣椒油各适量。

制作程序：
1. 原料治净余水，加卤水和香料、盐、酒、水卤熟。
2. 卤水烧沸，加剩余的调料调成汁，淋在晾凉的牛肉、牛肚、牛舌上，撒上芝麻和花生米即可。

【操作要领】
味汁调味可略重。

风味麻辣牛肉 011

特点 | 色泽褐红，麻辣鲜香，滋润化渣。

主辅料：
熟牛肉、红辣椒粒、香菜、熟芝麻、葱。

调料：
红油、酱油、花椒粉各适量。

制作程序：
1. 熟牛肉切片；葱洗净切段；香菜洗净。
2. 将酱油、红油、花椒粉调匀，成为调味汁。
3. 牛肉摆盘，浇调味汁，撒熟芝麻、红椒粒、香菜、葱段即可。

【操作要领】
用盐、糖将漂净血水的牛肉丁腌2小时后再烹制，牛肉吃起来更软嫩。

卤水金钱肚

012

特点 | 酥而不烂,有弹性,色泽微黄,鲜香味美。

主辅料:
金钱肚、高汤。

调料:
姜片、葱花、八角、桂皮、酱油、红糖、盐、鸡精各适量。

制作程序:
1. 金钱肚洗净装盘,放八角、桂皮入蒸锅用中火蒸20分钟。
2. 锅烧热,加高汤烧开,再放姜片、葱花、酱油、红糖、盐、鸡精熬煮成卤水。
3. 将金钱肚放入卤水中卤至入味,装盘即可。

【操作要领】
卤好后浸泡3~4小时更入味。

013 口水牛百叶

特点 | 色红油亮，口感爽脆。

主辅料：

牛百叶、红椒。

调料：

盐、豉油、红油、葱花、蒜末各适量。

制作程序：

1. 牛百叶治净，切条后放入沸水氽熟，捞出装盘；红椒洗净，切碎。
2. 油锅烧热，放入红椒、盐、豉油、红油、蒜末炒成味汁，淋在牛百叶上，最后撒上葱花即可。

【操作要领】

牛百叶不要焯烫太久，以免口感变老。

014 拌牛百叶

特点 | 酸辣鲜香，爽脆适口。

主辅料：

牛百叶、芹菜。

调料：

豆瓣酱、辣椒油、葱段、红椒、盐、醋各适量。

制作程序：

1. 牛百叶治净，切成细丝；芹菜洗净去梗；红椒洗净切丝。
2. 锅中加水烧热，下入牛百叶丝和芹菜分别焯熟后，捞出装盘。
3. 再加入葱段和剩余调料一起拌匀即可。

【操作要领】

拌匀后腌渍10分钟更入味。

015
川厨老坛子

特点 | 凤爪丰满洁白,咀嚼时骨肉生香。

主辅料:

鸡爪、泡椒、黄瓜、蒜薹、胡萝卜、红椒。

调料:

盐、醋、白糖各适量。

制作程序:

1. 鸡爪洗净剁块;黄瓜洗净切条;蒜薹洗净切段;胡萝卜洗净切丝;红椒洗净切块。
2. 鸡爪氽熟捞出。
3. 将所有材料放入坛中,加入凉开水和调料搅匀,密封腌渍2天,取出装盘即可。

【操作要领】

凤爪出锅后投入凉水中冷透,可以多过几遍水去油。

葱椒鸡 016

特点 | 色泽淡黄，肉滑鲜嫩，葱椒香味浓郁。

主辅料：
三黄鸡、洋葱、红尖椒节。

调料：
葱、青花椒、蚝油、甜面酱、酱油、盐、味精、姜、料酒、白糖、花椒油、葱油、红油各适量。

制作程序：
1. 三黄鸡放入加有料酒、姜、葱的沸水锅煮至熟。洋葱洗净，切成丝装入盘内垫底；葱切葱花。
2. 晾凉的三黄鸡去大骨，切成1厘米厚、5厘米长的条装盘。
3. 锅内下葱油小火烧热，放入青花椒、甜面酱、蚝油一起炒香出味，然后掺入鸡汤，用盐、味精、白糖、酱油、花椒油、红油调味，制成葱椒味汁。将炒好的味汁浇于鸡肉上，并撒上红尖椒节、青花椒、葱花即成。

双椒香麻鸡 ❀ 017

特点 | 色彩鲜艳,鲜辣脆嫩,酸辣麻鲜,香嫩滑口。

主辅料:
鸡肉、青椒、红椒。

调料:
盐、味精、青花椒、清汤、香油各适量。

制作程序:
1. 鸡治净,入沸水锅中煮熟,捞出,晾凉后切条,装盘备用;青椒、红椒分别洗净切圈。
2. 锅中注入清汤,下青花椒、青椒、红椒、盐和味精,烧开后浇在装有鸡的盘中,淋上香油即可。

【操作要领】
一定要选用农村土公鸡,味道才鲜香嫩滑可口。

018 酱板鸭

特点 | 色泽深红，皮肉酥香，酱香浓郁，滋味悠长。

主辅料：

鸭。

调料：

盐、白糖、酱油、料酒、香油、姜片、葱段、干辣椒、花椒、八角、桂皮、陈皮各适量。

制作程序：

1. 鸭治净，加盐、料酒、姜片、葱段、干辣椒、花椒腌渍，烤至酥黄取出；八角、桂皮、陈皮做成香料包。
2. 锅内注水烧开，放盐、白糖、酱油、香料包，入鸭卤熟取出，刷香油，切块装盘即可。

【操作要领】

一开始腌制时，可以加入花椒粒和辣椒段，进一步增加麻辣味。不过要注意的是：烤前要抹干净，以免烤制的时候容易烤焦。

019 馋嘴鸡

特点 | 鸡肉爽滑软嫩，令人垂涎三尺。

主辅料：

鸡、花生米、芝麻。

调料：

葱、花椒油、白糖、盐、红油、鸡汤、香菜各适量。

制作程序：

1. 鸡治净，煮熟后切块；葱洗净，切丝，入沸水中焯一下。
2. 锅烧热，入花生米爆熟，下花椒油、白糖、盐、红油、芝麻炒香。
3. 加入鸡汤煮开，淋在鸡块上，放上葱丝、香菜即可。

【操作要领】

鸡肉不能煮得太久，时间根据鸡肉的大小来适当调整。煮至鸡肉最厚的地方用筷子能轻易扎透且没有血水渗出就好。

020 川味凉粉鸡

特点 | 酸、甜、辣、麻，口味略重。

主辅料：

鸡、凉粉、黄瓜、熟芝麻。

调料：

盐、酱油、红油、辣椒酱、蒜末、香菜末、白糖各适量。

制作程序：

1. 黄瓜切丝，与凉粉同入碗中。
2. 鸡治净切块，煮熟置于凉粉上。
3. 辣椒酱、蒜末、清水、盐、酱油、红油、白糖炒匀淋鸡肉上，撒香菜末、熟芝麻即可。

【操作要领】

凉粉不要切得太小块。

021 四川樟茶鸭

特点 | 色泽金红，外酥里嫩，带有樟木和茶叶的特殊香味。

主辅料：
鸭、樟树叶、花茶叶。

调料：
盐、酱油、醋、五香粉各适量。

制作程序：
1. 鸭治净；樟树叶、花茶叶分别泡水取汁，与盐、酱油、醋、五香粉拌匀成汁。
2. 鸭子放入盆中，倒入拌好的酱汁，腌渍2小时，再放在烤炉中烤熟。
3. 最后切成块，排于盘中即可。

【操作要领】
最好选择秋季上市的肥嫩公鸭。

022 罗汉笋红汤鸡

特点 | 色红油亮，鲜辣脆嫩，香嫩滑口。

主辅料：
罗汉笋、鸡。

调料：
盐、葱段、姜块、料酒、红油、鸡汤、胡椒粉、葱花、熟芝麻各适量。

制作程序：
1. 罗汉笋去壳，洗净切片，入水中煮熟，捞出；鸡治净，下入清水锅中，加葱段、姜块、料酒、盐煮好，捞出切条，放罗汉笋上。
2. 鸡汤、红油、胡椒粉调成汁淋在鸡块上，撒上葱花和熟芝麻即可。

【操作要领】
煮鸡前一定要将血水去尽，煮时一定要已熟。

023 芥末鸭掌

特点｜色泽橙黄亮丽，辛辣香鲜。冲辣香脆，鲜嫩可口。

主辅料：

鸭掌、芝麻。

调料：

芥末粉、香油、醋、盐、鸡精各适量。

制作程序：

1. 鸭掌洗净，放入沸水锅内煮熟取出，去掉大骨放入盘中。
2. 芝麻入锅炒熟待用。
3. 将芥末粉加入适量开水调匀，加盖静置15分钟，待有冲鼻辣味时，加入香油、醋、盐、鸡精浇在鸭掌上，洒上芝麻即可。

【操作要领】

鸭掌涨发的质量要好，口味调制要适口。

024 卤鸭翅

特点 | 鸭掌耙软,香辣适口。

主辅料:

鸭翅。

调料:

盐、酱油、白糖、料酒、八角、桂皮、丁香、花椒、砂仁、五香料各适量。

制作程序:

1. 鸭翅治净;五香料做成香料包。
2. 热锅入油,放酱油、白糖熬浓,加料酒,放入鸭翅上色。
3. 锅内放入水、香料包、盐烧开,放入鸭翅卤熟,捞出即可。

【操作要领】

卤好的鸭翅一定浸卤在卤汤中,吃的时候再捞出来,这样更入味。

025 香辣卤鸭舌

特点 | 口感柔嫩软糯，嚼起来有滋有味。

主辅料：
鸭舌、芝麻。

调料：
辣椒段、葱花、姜片、蒜蓉、盐、味精、老抽、八角、白糖、红油各适量。

制作程序：
1. 鸭舌洗净；用老抽、白糖、八角加水制成卤料。
2. 烧热油，爆香姜片、蒜蓉、干辣椒，下鸭舌翻炒，加卤料、盐，小火卤熟后装盘。
3. 加红油拌匀，撒上葱花和芝麻即可。

【操作要领】
鸭舌卤煮时间不宜过长，一般煮开后中小火20～30分钟即可。

026 剁椒鹅肠

特点 | 开胃消食。

主辅料：
鹅肠。

调料：
剁椒、葱、盐、红油、醋各适量。

制作程序：
1. 鹅肠洗净，切条状；葱洗净，切花。
2. 净锅上火，加入适量清水烧开，放入鹅肠煮至熟透，捞出沥干水分，加盐、红油、醋拌匀，装盘。
3. 将剁椒、葱花放在鹅肠上即可。

【操作要领】
鹅肠焯水不宜过久。

葱油金针菇 ❁ 027

特点 | 酸甜爽口,葱香浓郁。

主辅料:
金针菇、红辣椒、黄花菜、芹菜叶。

调料:
盐、姜末、蒜末、醋、白糖、酱油各适量。

制作程序:
1. 金针菇去根;红辣椒切丝;芹菜叶洗净;黄花菜泡发。
2. 热油锅,下姜、蒜爆香,放金针菇、黄花菜、红辣椒滑炒,加醋、白糖、盐、酱油炒匀,撒上芹菜叶即可。

【操作要领】
金针菇焯烫后用凉水冲一下,口感更爽脆。

桂花甜藕 028

特点 | 藕块粉红透明,香甜似蜜,软糯清润,补血润肺。

主辅料:
莲藕、圆糯米、莲子。

调料:
蜂蜜、冰糖、水淀粉、桂花酿各适量。

【操作要领】
糯米要现做现洗。

制作程序:
1. 莲藕洗净,切去一端藕节。
2. 糯米用清水漂洗干净,浸泡2小时,接着捞起晾干,塞入莲藕孔内,边灌边用筷子顺孔向内戳,使糯米填满。
3. 将莲藕摆入碗中,放入蒸锅,以大火蒸熟,取出后切大片,摆在盘上。
4. 莲子先放入沸水中,加入冰糖、桂花酿和莲子一起煮滚,再用水淀粉勾芡。
5. 起锅,淋在藕块上,再淋入蜂蜜即可。

❀ 029

川味凉拌苦菊

特点 | 清香细腻,甜蜜可口。

主辅料:

苦菊、蒜末、红椒丝。

调料:

盐、鸡粉、白糖、白醋、辣椒油、花椒油、剁椒、生抽各适量。

制作程序:

1. 将洗净的苦菊切去根部。
2. 锅中注水烧开,装入碗中,使其自然冷却,放入苦菊浸泡5分钟,取出沥水。
3. 另拿碗,放入适量盐、鸡粉、白糖。
4. 加入蒜末、红椒丝。
5. 加入辣椒油、花椒油、剁椒、生抽、白醋,拌匀。
6. 放入苦菊,拌匀,倒入碗中即成。

❀ 030

冰镇樱桃萝卜

特点 | 色泽美观,品质细嫩。

主辅料:

樱桃萝卜、芹菜、百合。

调料:

盐、酱油、白糖、冰块各适量。

制作程序:

1. 樱桃萝卜洗净,去须根和蒂;芹菜洗净,取茎,切段;百合洗净备用。
2. 将上述材料放入开水中稍烫,捞出,放在装有冰块的冰盘中进行冰镇;将盐、白糖、酱油、凉开水调成味汁,配合冰镇好的时蔬蘸食即可。

031 豉香鲫鱼

特点 | 香辣适口，豉香味浓。

主辅料：
鲫鱼、豆豉。

调料：
盐、酱油、葱段、姜片、干红椒、香油各适量。

制作程序：
1. 鱼治净，用盐、酱油腌15分钟，在鱼肚中塞入葱段、姜片。
2. 油锅烧热，放入干红椒炸香，捞起干红椒，放入鲫鱼，大火炸至两面呈金黄色。
3. 加入盐、酱油、香油、豆豉调味，盛盘即可。

【操作要领】

油热后撒一点盐再放鱼，防止鱼破皮。

陈醋黄瓜蜇皮

特点 | 清脆响亮的开胃菜,味道上充分糅合南北风味。

032

主辅料：
海蜇皮、黄瓜、红椒、青椒、蒜末。

调料：
陈醋、芝麻油、生抽、盐、白糖、辣椒油各适量。

制作程序：
1. 洗净的黄瓜对切开，再切成段。
2. 洗净的红椒切开去籽，切丝，再切粒。
3. 洗净的青椒切开去籽，切丝，再切粒。
4. 黄瓜装入碗中，放入盐，腌渍20分钟左右。
5. 锅中注入适量的清水大火烧开，倒入海蜇皮，汆煮片刻，捞出，沥干水分。
6. 海蜇皮装入碗中，倒入红椒粒、青椒粒、蒜末，搅拌匀。
7. 加入白糖、生抽、陈醋、芝麻油、辣椒油，搅匀调味。
8. 将黄瓜倒入备好的凉开水中，洗去多余盐分，捞出，沥干水分，装入盘中，倒上拌好的海蜇皮即可。

033 红油竹笋

特点 | 开胃消食，鲜美可口。

主辅料：
竹笋、红油。

调料：
盐、味精。

制作程序：
1. 竹笋洗净后，切成滚刀斜块。
2. 将切好的笋块入沸水中焯熟，捞出，盛入盘内。
3. 淋入红油，加盐、味精一起拌匀即可。

【操作要领】
竹笋要焯熟去除苦涩味。

034 红油腐竹

特点 | 腐竹入味透，有韧性，咸甜适口。

主辅料：

腐竹段、青椒、胡萝卜、姜片、蒜末、葱段。

调料：

盐、鸡粉、生抽、辣椒油、豆瓣酱、水淀粉、食用油各适量。

制作程序：

1. 胡萝卜洗净切片；青椒去籽，切成小块。
2. 沸水锅中加入食用油、胡萝卜、青椒，煮约1分钟，捞出食材，装盘；热油锅中，倒入腐竹段，炸约半分钟，捞出腐竹。
3. 锅底留油烧热，倒入姜片、蒜末、葱段，爆香，放入腐竹段、焯过水的材料，炒匀，注入清水，加入生抽、辣椒油、豆瓣酱、盐、鸡粉，拌匀，焖约5分钟至熟，倒入水淀粉，炒匀，关火后盛出菜肴即可。

【操作要领】

拌匀后，稍微腌制5分钟更入味。

姜汁豇豆 ❀ 035

特点 | 简单易做又美观。

主辅料：
豇豆。

调料：
姜、蒜、葱、盐、油、酱油、红油、生抽各适量。

制作程序：
1. 豇豆去头尾，洗净，切长段；姜、蒜去皮，洗净切末；葱切花。
2. 锅内注水，加少许盐，烧沸，将豇豆汆烫片刻，沥水捞出。
3. 注油烧热，放入蒜、姜末炒香，盛出，放入调料拌匀即可。

【操作要领】
豇豆最好选用细的暗绿的那种。

30 流行川菜

韭香蚕豆 ✿ 036

特点｜食材做法都简单。送粥、送白饭都是一道好菜！

主辅料：
蚕豆、韭菜。

调料：
盐、味精各适量。

制作程序：
1. 将韭菜洗干净后切成段。
2. 将蚕豆洗净，放入水中煮熟备用。
3. 锅中放油烧热，下入蚕豆、韭菜爆炒，炒熟后调入盐、味精即可。

【操作要领】
蚕豆先煮熟可节约成菜时间。

凉拌秋葵 ❀ 037

特点｜秋葵脆嫩多汁，滑润不腻，香味独特。

主辅料：

秋葵、朝天椒、姜末、蒜末。

调料：

盐、鸡粉、香醋、芝麻油、食用油各适量。

【操作要领】

秋葵汆水的时间不宜过长，以免营养流失，半分钟左右为佳。

制作程序：

1. 将洗好的秋葵切成大小均匀的小段。朝天椒切成小圈。
2. 锅中注入适量清水，加入盐、食用油，大火烧开；倒入切好的秋葵，搅拌均匀，汆煮一会至断生；捞出汆好的秋葵，装碗待用。
3. 在装有秋葵的碗中加入切好的朝天椒、姜末、蒜末；加入盐、鸡粉、香醋，再淋入芝麻油；充分拌匀至秋葵入味，将拌好的秋葵装入盘中即可。

捣茄子

特点 | 不论茄子或是辣椒都特别入味好吃。

038

主辅料：

茄子、青椒、红椒、蒜末、葱花。

调料：

盐、生抽、番茄酱、陈醋、芝麻油、食用油各适量。

制作程序：

1. 青椒切去蒂，备用；红椒切去蒂，待用；洗好的茄子去皮，切段，再切条，装盘备用。
2. 热锅注油，烧至三四成热，放入青椒、红椒，搅拌片刻，炸至虎皮状，将青椒、红椒捞出，沥干待用。
3. 蒸锅上火烧开，放入茄子，盖上锅盖，用大火蒸15分钟至其熟软，揭开锅盖，取出茄子，放凉待用。
4. 将青椒和红椒装碗，用木臼棒将其捣碎，倒入茄子、蒜末捣碎，加葱花、生抽、盐、番茄酱、陈醋、芝麻油，快速搅拌至食材入味即可。

039

剁椒茄子

特点 | 咸鲜辣，软糯香，可谓色香味俱佳。

主辅料：

剁椒、茄子、熟芝麻。

调料：

盐、红油、香油、鸡精、葱花各适量。

制作程序：

1. 茄子洗净，切成长条块。
2. 油锅烧热，放剁椒炒香，捞起待用，放入切好的茄子翻炒，再放入盐、香油、红油、鸡精翻炒，起锅排于盘中，撒上剁椒、熟芝麻、葱花即可。

【操作要领】

茄子建议不要去掉皮。剁椒本身含较多的盐，做菜过程中注意咸淡，不宜过咸！

红果山药 040

特点 | 颜色鲜艳，甜酸可口。

主辅料：
山楂、山药。

调料：
桂花蜂蜜、白糖各适量。

制作程序：

1. 将山药去皮，然后将其洗净切段，放入锅中蒸熟，再将蒸熟的山药放入碗里捣成泥状，扣在盘中；山楂洗净、去核，焯熟后摆在山药旁。
2. 热锅放白糖、桂花蜂蜜、少量水熬成浓稠汁，浇在山药和山楂上即可。

【操作要领】
白糖的量因人而异。

流行川菜

【第二篇·热菜卷】

炒菜时要注意调味料放的多少、放的先后顺序和烹制的时间长短。时间太长，菜就老了；时间太短，菜又可能成熟不够。总之，做菜既需要学习专门的知识，更需要多多实践。

001 水煮烧白

特点｜成菜既有传统烧白肥糯粑香的口感，又增加了水煮菜式麻辣味浓厚的特色。

主辅料：

五花肉。

调料：

酱油、干辣椒、红油、白糖、盐、葱花、花椒、料酒各适量。

制作程序：

1. 五花肉煮至五成熟，捞出抹酱油；干辣椒洗净切段。
2. 热锅注油，肉皮炸至棕红色后切片。
3. 锅底留油，爆香花椒、干辣椒，加肉片、料酒、酱油、红油、盐、糖、清水烧熟，撒上葱花即成。

【操作要领】

五花肉能看到透明的红色，此时表面已成白色状就是五成熟的状态。

002 锅巴肉片

特点｜形式别致，肉片滑嫩，锅巴酥脆。

主辅料：

猪里脊肉、鸡蛋、锅巴、水发木耳、红椒、绿椒、冬笋。

调料：

葱、姜、蒜片、水淀粉各适量。

制作程序：

1. 猪肉切成片加湿淀粉、料酒、盐拌匀。鸡蛋加少许水打成蛋浆，用油稍煎，青红椒、冬笋切薄片。
2. 肉片下七成热油中炒熟，下葱、姜、蒜片、冬笋、木耳、青红椒炒匀，加入蛋，烹入味汁，烧开后用水淀粉收汁，装入碗中。
3. 锅巴下八成热油中炸至浮起，出锅装盘，淋一勺热油在锅巴上，上桌，倒入肉汤即成。

003
白椒炒风吹肉

特点 | 入口爽滑鲜嫩，香辣松软，干香鲜辣，肥而不腻。

主辅料：

风吹肉、白辣椒。

调料：

盐、味精、葱、红椒、蒜各适量。

制作程序：

1. 风吹肉洗净，切片；白辣椒、葱分别洗净，切段；红椒洗净，切圈；蒜去皮，切末。
2. 油锅烧热，下风吹肉炒至出油后，加入白辣椒段、葱段、红椒圈、蒜末一起翻炒。
3. 调入盐、味精炒匀即可。

【操作要领】

立冬后将猪后腿肉切成6厘米宽的条，放适量盐，用瓦缸腌渍10天，每2天翻动1次，到时间后挂在通风处，吹20天，待水分吹干后，即成风吹肉。

茶树菇炒五花肉　　004

特点 | 色香味俱全，香辣开胃。

主辅料：

茶树菇、五花肉、红椒。

调料：

盐、姜片、蒜末、葱段、生抽、鸡粉、料酒、水淀粉、豆瓣酱、食用油各适量。

制作程序：

1. 洗净的红椒切小块；洗好的茶树菇切去根部，再切成段；洗净的五花肉切成片。
2. 锅中注水烧开，放入盐、鸡粉、食用油，倒入茶树菇，煮1分钟，捞出，沥干。
3. 用油起锅，放入五花肉炒匀，加入生抽，倒入豆瓣酱，炒匀，放入姜片、蒜末、葱段，炒香。
4. 淋入料酒，炒匀提味，放入茶树菇、红椒，炒匀，加适量盐、鸡粉、水淀粉，炒匀即可。

冬笋腊肉 005

特点 | 此菜腊肉香软，冬笋鲜脆。

主辅料：
腊肉、冬笋、蒜苗、红椒。

调料：
盐、红油各适量。

制作程序：
1. 冬笋、腊肉洗净切成片；蒜苗洗净切段；红椒洗净切片。
2. 锅置炉上，将冬笋、腊肉汆水后分别捞起；锅内注油烧热，下腊肉煸香，盛出。
3. 净锅放油，下冬笋、红椒片炒熟，放腊肉、蒜苗炒香，加盐、红油调味，出锅装盘。

【操作要领】
盐要少放，或者不放。

酥爽回锅肉

特点 | 色泽红亮,肉片酥香,家常味浓郁。

006

主辅料：

五花肉、青椒片、红椒片、洋葱片、蒜片、姜片、甜面酱。

调料：

盐、鸡粉、白糖、料酒、食用油各适量。

制作程序：

1. 锅中注入清水烧热，放入五花肉、姜片、盐、料酒，拌匀，煮约30分钟至熟，捞出。
2. 将五花肉放凉后切成片，待用。
3. 用油起锅，放入五花肉、蒜片，炒匀。
4. 倒入甜面酱、清水、青椒片、红椒片、洋葱片、白糖、鸡粉，炒约2分钟至入味，盛出炒好的菜肴，装入盘中即可。

【操作要领】

在烹煮五花肉时，加入料酒、姜片，不仅可以去除肉的腥味，而且可以提香。

007

一品水煮肉

特点｜ 肉味香辣，软嫩，易嚼。吃时肉嫩味鲜，汤红油亮，麻辣味浓。

主辅料：

猪肉、干辣椒。

调料：

盐、花椒、鸡精、水淀粉、鲜汤、红油、酱油、葱段各适量。

制作程序：

1. 猪肉洗净，切片，加盐和水淀粉拌匀备用；干辣椒洗净，切段。
2. 热锅下油，下干辣椒和花椒，炸香，加鲜汤、酱油、鸡精、红油烧沸。
3. 再放肉片煮散至熟，撒上盐、葱花即可。

【操作要领】

也可以先煮肉片，再将事先炸好的干辣椒、花椒、蒜末、葱花撒在肉片上，将烧至九成热的热油均匀浇在肉片上。

尖椒烧猪尾

特点 | 营养丰富,咸鲜适口。

008

主辅料：
猪尾、青椒、红椒。

调料：
蚝油、姜片、蒜末、葱白、老抽、味精、盐、白糖、料酒、辣椒酱、食用油、水淀粉各适量。

制作程序：

1. 洗净的猪尾斩块；洗净的青椒、红椒切成片。
2. 锅中倒水，加入料酒烧开，倒入猪尾煮至断生后捞出。
3. 起油锅，放姜片、蒜末、葱白、猪尾、料酒、蚝油、老抽，加适量水炒匀。
4. 小火焖15分钟，加辣椒酱煮片刻。
5. 加味精、盐、白糖，倒入青、红椒炒匀。
6. 用水淀粉勾芡，淋入熟油炒匀即成。

【操作要领】

猪尾的胶质较多，在焖猪尾时要一次性加足水，这样味道才浓正。

009 蒜香排骨

特点 | 其口感蒜香浓郁，质嫩味美。

主辅料：
猪排。

调料：
五香粉、精炼油、葱段、姜末、蒜末、料酒、精盐、味精、花椒各适量。

制作程序：

1. 猪排剁成块，余去血水，加葱段、姜末、蒜末、料酒、精盐、味精、花椒、五香粉码入味。
2. 锅中加精炼油烧热，下码好味的排骨炸呈金黄色，捞出装盘，撒上精盐即可。

【操作要领】

炸排骨的油温不宜太高，以五六成热为宜。

010 花开富贵

特点 | 色泽鲜艳，味美爽口。

主辅料：
猪肉、猪肠、凉薯。

调料：
青椒、红椒、盐、鸡精、料酒各适量。

制作程序：
1. 肉洗净切片；猪肠治净切段；凉薯洗净切片；青红椒均洗净去蒂、去籽切圈。
2. 热锅入油，下肉片、猪肠滑炒，烹入料酒翻炒，加凉薯片和水炒至九成熟，放青红椒圈、盐、鸡精炒匀即可。

【操作要领】
肉片、猪肠不要久炒。

011 虹口大排

特点 | 味道香咸,排骨酥烂,色泽金红。

主辅料:
猪排骨、青椒、红椒、豆豉。

调料:
盐、白砂糖、老抽、料酒、葱段、姜片、蒜末各适量。

制作程序:
1. 猪排骨洗净,抹盐和料酒腌渍。
2. 锅里放油,煸炒猪排骨至发白捞起,留油放葱、姜片、豆豉、老抽、蒜末、青椒、红椒炒香。
3. 放猪排骨和糖,收汁,摆盘即可。

【操作要领】
排骨最好先入水焯一下。

012 剁椒排骨

特点 | 制作简单,味道可口。

主辅料:
排骨、剁椒、豆豉。

调料:
蒜蓉、葱花、盐、鸡精、料酒、红油各适量。

制作程序:
1. 排骨洗净剁成块,入沸水锅中汆去血水,捞出装盘,用盐、料酒、鸡精腌渍10分钟;剁椒洗净。
2. 将蒜蓉、剁椒、豆豉铺在排骨上,淋入适量红油,入蒸锅蒸至熟。
3. 取出,撒上葱花即可。

【操作要领】
焯水可以有效地去除血水及血腥味。

老干妈排骨 ❀ 013

特点｜味道香咸，排骨酥烂，色泽金红。

主辅料：
猪排骨、老干妈豆豉。

调料：
辣椒酱、青尖椒、红尖椒、葱花、盐、酱油各适量。

制作程序：
1. 猪排骨斩段汆水沥干；青尖椒、红尖椒切碎。
2. 油锅烧热，爆香猪排骨，加豆豉、辣椒酱翻炒，淋酱油加开水用小火烧入味，中途要翻动均匀。
3. 放青尖椒、红尖椒、盐拌匀，撒葱花。

【操作要领】
炒排骨的时候火候很重要。

青椒焖猪蹄 014

特点 | 猪蹄Q弹香辣,十分下饭。

主辅料:
猪蹄、青椒、尖椒。

调料:
盐、鸡精、料酒、红油、醋各适量。

制作程序:
1. 猪蹄治净斩块,入沸水中汆烫,捞出沥干;青椒、尖椒洗净切段。
2. 油锅置火上,入青椒、尖椒炒香,放猪蹄翻炒至五成熟,加盐、鸡精、料酒、红油、醋、水焖15分钟,装盘即可。

【操作要领】
爆猪蹄时油不能放多了,否则过于油腻。

015 泡椒肥肠

特点 | 色泽红亮，肉质嫩软，咸鲜微辣，鲜香可口。

主辅料：
肥肠、蒜、泡椒、白芝麻。

调料：
盐、豆瓣酱、酱油、料酒各适量。

制作程序：
1. 肥肠治净，切小块；蒜去皮洗净，切小块；泡椒去蒂洗净切片。
2. 起油锅，入蒜炒香后，放入肥肠翻炒，加盐、豆瓣酱、酱油、料酒、泡椒炒至入味。
3. 加水烧至汤汁收干，盛入干锅，撒上白芝麻即可。

【操作要领】
炒的时候只放少许豆瓣酱，目的是避免抢了泡椒味。

016 干煸肥肠

特点 | 色泽深红、筋韧辣香。

主辅料：
猪大肠、干辣椒、青椒片、红椒片。

调料：
料酒、胡椒粉、红油酱、花椒各适量。

制作程序：
1. 猪大肠治净煮熟切段。
2. 油锅烧热，入猪大肠炸干，倒出油，放红油酱、干辣椒等调料，直至肥肠炒干水分。
3. 放青椒片、红椒片翻炒至熟，起锅即可。

【操作要领】
红油酱会使成菜色泽红亮，买不到的话也可以用豆瓣酱替代。

017
霸王肥肠

特点 | 肥肠酥软，香辣味浓。

主辅料：

猪大肠、干辣椒、熟芝麻。

调料：

盐、味精、酱油、葱白段、姜片各适量。

制作程序：

1. 猪大肠治净切段，用盐、酱油腌渍。
2. 油锅烧热，放猪大肠炸熟，再下干辣椒、葱白段、姜片炒香。
3. 调入盐、味精、酱油，撒上熟芝麻即可。

【操作要领】

切肥肠时可以将里面的油脂割掉，以免口感油腻。

018 石锅肥肠

特点 | 干脆香辣、佐酒佳肴。

主辅料：

猪肠、竹笋、滑子菇。

调料：

盐、红椒、花椒、蒜苗、料酒、酱油、醋各适量。

制作程序：

1. 所有材料治净。
2. 猪肠氽水捞出；油锅烧热，爆香花椒，下猪肠滑炒，放竹笋、滑子菇、盐、料酒、酱油、醋、红椒、水、焖熟即可。

【操作要领】

炒肥肠时油温以五六成热为宜。

019 宫保腰花

特点 | 脆嫩爽口、咸辣适中。

主辅料：

猪腰、花生米。

调料：

盐、味精、香油、料酒、干辣椒、蒜片、淀粉各适量。

制作程序：

1. 猪腰治净，打上花刀切块，加淀粉拌匀；干辣椒洗净切段；花生米洗净入锅炸熟。
2. 油锅烧热，炒香蒜片、干辣椒，入腰花滑熟，放花生米、料酒略炒。
3. 加盐、味精、香油拌匀即可。

【操作要领】

猪腰要去掉中间白色的筋膜。

020 爆炒脆脆肠

特点 | 质地脆嫩爽口，麻辣味浓，咸鲜醇香。

主辅料：

猪肠、芹菜、红椒。

调料：

盐、鸡精、料酒、酱油各适量。

制作程序：

1. 肥肠治净，装入碗中，加盐和料酒抓匀并腌渍至入味，切段；芹菜洗净，切段；红椒洗净，切圈。
2. 炒锅注油烧热，放入猪肠爆炒至变色，加入芹菜、红椒翻炒。
3. 调入盐、鸡精、酱油调味，炒熟出锅装盘。

【操作要领】

肠子要猛火急炒，现炒现吃，才能脆香。

52 流行川菜

021
串烧牛柳

特点 | 香辣可口,味道鲜美。

主辅料:
牛柳、青红椒、洋葱、白菌。

调料:
白兰地酒、黑椒碎、松肉粉各适量。

制作程序:
1. 将牛柳切小块,青椒、红椒去带托洗净切小块,洋葱洗净切小块备用。
2. 青红椒、白菌、牛柳用白兰地酒、黑椒碎、松肉粉拌匀。
3. 锅中放油烧热,将穿好的牛柳串放入锅中煎熟即可。

【操作要领】
也可用烤箱烤熟。

022
大山腰片

特点 | 猪腰吃起来很嫩,一点都不腥臊。

主辅料:
猪腰。

调料:
香菜、青花椒、红椒、野山椒、鸡精、盐、料酒、酱油各适量。

制作程序:
1. 猪腰洗净切片;红椒洗净切圈;香菜洗净切段。
2. 油锅烧热,炒香野山椒、青花椒,入猪腰煸炒,放红椒同炒,加水、盐、料酒、酱油煮沸。
3. 调入鸡精调味,撒上香菜即可。

【操作要领】
猪腰中间的白色筋膜一定要去干净,否则吃起来有味道。

023
干锅烟笋焖腊肉

特点 | 咸鲜可口，富有特殊的烟香味。

主辅料：
腊肉、烟笋、芹菜。

调料：
盐、红椒圈、香油、红油各适量。

制作程序：
1. 腊肉洗净，切片；烟笋洗净，切小片；芹菜洗净切小段。
2. 炒锅注油烧热，下入红椒爆炒，倒入腊肉煸炒出油，加入烟笋和芹菜同炒至熟。
3. 加入水、盐、香油、红油焖入味，起锅倒在干锅中即可。

【操作要领】
腊肉在红锅中烙去残毛后用刀刮洗干净，除去黑色。

024
石锅芋儿猪蹄

特点 | 芋儿粑软，肉丸筋道。

主辅料：
猪蹄、肉丸、芋头。

调料：
红椒、盐、葱花、红油、酱油各适量。

制作程序：
1. 猪蹄治净斩块；芋头去皮切块；肉丸洗净；红椒洗净切圈。
2. 猪蹄放入高压锅压至七成熟，捞出。
3. 砂锅加水，放入芋头、猪蹄、肉丸，加入红油、酱油、盐、红椒煮熟，撒上葱花即可。

【操作要领】
芋儿最好选用个头较小的仔芋，成菜会更加粑软。

自贡水煮牛肉 ✿ 025

特点 | 麻辣味厚，滑嫩适口，香味浓烈。

主辅料：

牛里脊、平菇、黄豆芽、鸡蛋清、干辣椒、桂皮、花椒、草果、香叶、大葱、细葱、姜、蒜。

调料：

料酒、生抽、白醋、白糖、郫县豆瓣酱、食用油、淀粉各适量。

制作程序：

1. 细葱切成葱花；黄豆芽洗净；牛肉切薄片；蒜部分剁蒜末，部分切片；姜部分切片，部分切丁；大葱切段；平菇撕成丝；牛肉中加入鸡蛋清、生粉、料酒、生抽，腌渍15分钟。

2. 热锅注油，烧至八成热，关火冷却1分钟后放入干辣椒、花椒，炒香，捞出，将干辣椒切碎，花椒捻碎。热油锅中放入桂皮、草果、香叶，炒香，放入姜片、蒜片、大葱段，炒香；倒入豆瓣酱，小火炒出红油，再注入清水，烧开后放入黄豆芽、平菇炒2分钟，食材装碗。

3. 再放入白醋、盐、牛肉，煮2分钟，把牛肉浇在装有豆芽和平菇的碗中，铺入蒜末、花椒碎、干辣椒碎，再放上葱花，将热油浇在食材上。

野山椒牛肉 026

特点 | 野山椒的酸辣浸入牛肉,美味的感觉让你恨不得吞下舌头。

主辅料:
牛肉、野山椒、青椒。

调料:
盐、味精、酱油、干辣椒各适量。

制作程序:
1. 牛肉洗净,切丝;野山椒洗净;干辣椒洗净切圈;青椒斜切段。
2. 锅中注油烧热,放入牛肉丝炒至发白,加入野山椒、干辣椒、青椒一起拌匀。
3. 炒至熟后,加入盐、味精、酱油调味,起锅装盘即可。

【操作要领】
牛肉中放入少许的生粉或者蛋清,腌30分钟,会变得更柔软。

027 竹网小椒牛肉

特点 | 颜色艳丽、味道浓郁，牛肉口感嫩滑，口味咸鲜微辣。

主辅料：
牛肉、腰果、干辣椒段、白芝麻、青椒。

调料：
盐、胡椒粉各适量。

制作程序：
1. 牛肉洗净切片，加盐腌渍，并裹一层胡椒粉；青椒去带切段。
2. 油锅烧热，下牛肉炸熟后捞出。
3. 锅留油，入腰果、干辣椒、白芝麻、青椒和炸好的牛肉炒匀，盛入盘中的竹网即可。

【操作要领】
牛肉可选择牛柳、牛后腿等部位的瘦肉为好，肉片要切得均匀。

028 竹签牛肉

特点 | 牛肉鲜嫩，味道浓厚。

主辅料：
牛肉片、青辣椒段、红辣椒段、竹签。

调料：
盐、淀粉、料酒、胡椒粉、豆瓣酱、姜片、姜丝各适量。

制作程序：
1. 牛肉片加料酒、盐、淀粉、胡椒粉腌渍，与辣椒段、姜片焯水后穿竹签。
2. 将豆瓣酱、姜丝、水、盐、胡椒粉、淀粉调成汁，淋在牛肉上即可。

【操作要领】
牛肉最好选用肥瘦相间的肉。

029 牙签牛肉

特点 | 外酥里嫩，咸鲜微辣。

主辅料：
牛柳。

调料：
盐、味精、干辣椒、花椒、香辣酱、辣椒粉、胡椒粉、孜然粉、白糖、香油、熟芝麻、色拉油各适量。

制作程序：

1. 牛柳切小片，加入盐、料酒、淀粉码味上浆，再用牙签串制，入油锅炸至干香捞起。
2. 锅中加油烧热，下干辣椒、花椒、香辣酱、辣椒粉、胡椒粉、孜然粉炒香，下牛柳稍炒，调入盐、味精、熟芝麻炒匀，起锅装盘即可。

【操作要领】

应控制好炒制时的油温，调味品应充分附着均匀。

干锅五花肉菜

特点 | 水分充足,口感更加鲜嫩、自然鲜甜。

030

主辅料：

娃娃菜、五花肉、洋葱、蒜头、干辣椒、豆瓣酱、葱花、姜片。

调料：

料酒、生抽、盐、鸡粉、食用油各适量。

制作程序：

1. 洗净的洋葱切丝；洗好的娃娃菜切成小段；洗净的五花肉切成片。
2. 锅中注入适量清水烧开，倒入娃娃菜，焯煮片刻。
3. 关火后捞出焯煮好的娃娃菜，沥干水分，装盘待用。
4. 取一干锅，放入切好的洋葱丝。
5. 用油起锅，倒入五花肉片，炒匀，放入蒜头、姜片，爆香。
6. 加入干辣椒，炒匀，倒入豆瓣酱，炒匀。
7. 加入料酒、生抽，倒入娃娃菜，加入盐、鸡粉，煮约3分钟至熟。
8. 关火后盛出炒好的菜肴，装入干锅中，撒上葱花，点上火加热即可。

031 石煲香菇牛腩

特点 | 香菇提味提香，吃起来也超级好吃。

主辅料：

牛腩、香菇。

调料：

盐、酱油、料酒、水淀粉、鸡精各适量。

制作程序：

1. 牛腩洗净切块；香菇去根部泡发洗净。
2. 锅注水烧热，下牛腩汆水捞出。
3. 油锅烧热，放牛腩滑炒，下香菇，调入盐、鸡精、料酒、酱油炒匀，快熟时，加水淀粉焖煮至汤汁收干，盛入石煲即可。

【操作要领】

建议一次性加好水，不要中途加水，会很影响口感和味道。

032 姜丝炒牛肉

特点｜制作简单，十分下饭。

主辅料：

牛肉片、姜丝。

调料：

酱油、盐、生粉、米酒、芝麻油、食用油各适量。

制作程序：

1. 牛肉片洗净，加入生粉、酱油和米酒，稍微搅拌，腌渍约20分钟。
2. 热油锅，用大火快速翻炒牛肉片至半熟后，捞起备用。
3. 锅底留油，下姜丝炒香，倒入已半熟的牛肉片炒匀，关火，起锅前加入盐和芝麻油即可。

【操作要领】

喜欢吃姜丝的和辛辣一点，可以加大量的姜丝。

033 农家牛肉片

特点 | 口感突出的就是鲜、香、辣。

主辅料：
牛腱、土豆粉条、白芝麻。

调料：
盐、豉油、干辣椒、鸡汤各适量。

制作程序：
1. 将牛腱洗净，煮熟，切大片；土豆粉条用温水泡发。
2. 锅上火烧热，下盐、豉油、牛肉、粉条翻炒，倒入鸡汤焖煮1小时，盛入碗中。
3. 锅入油，放入白芝麻、干辣椒炸香，浇在牛肉上即可。

【操作要领】
也可选择郫县豆瓣进行炒制。

034 菠萝鸡丁

特点 | 有鸡肉的鲜美又有菠萝的水果香味，鲜香甜酸，美味爽口。

主辅料：
鸡肉、菠萝、鸡蛋液。

调料：
酱油、料酒、水淀粉、糖、盐各适量。

制作程序：
1. 菠萝切成两半，一半去皮，用淡盐水略腌，切小丁待用；另一半菠萝挖去果肉，留做盛器。
2. 鸡肉切丁，加酱油、料酒、鸡蛋液、水淀粉、糖、盐拌匀上浆。
3. 锅中油烧热，放入鸡丁炒至八成熟时，放入菠萝丁炒匀，盛入挖空的菠萝中即可。

红椒牛肉 035

特点 | 质嫩，味香辣，下饭最宜。

主辅料：
牛肉、红椒、蒜薹。

调料：
盐、姜、鸡精、孜然各适量。

制作程序：
1. 红椒洗净切碎；姜、蒜薹洗净切米；牛肉洗净切片，放入烧热的油锅中滑散备用。
2. 锅内留少许油，放入红椒碎、姜米、蒜薹米炒香，加入牛肉片，加入盐、鸡精、孜然炒入味，盛出放入烧热的铁板里即可。

【操作要领】
牛肉要剔去筋膜，旺火急炒。

香辣牛腩煲 036

特点 | 肉味香浓，耙软有嚼劲。

主辅料：
熟牛腩、姜片、葱段、干辣椒、山楂干、冰糖、蒜头、草果、八角。

调料：
盐、鸡粉、料酒、豆瓣酱、陈醋、辣椒油、水淀粉、食用油各适量。

制作程序：

1. 熟牛腩切成小块；洗净的蒜头切成片。
2. 热油起锅，倒入洗净的草果、八角、山楂干，加入蒜片、姜片，炒香。
3. 放入干辣椒、冰糖，倒入牛腩，炒匀；淋入料酒，加入豆瓣酱、陈醋，翻炒匀；倒入少许清水；加入盐、鸡粉，炒匀调味，再淋入辣椒油；盖上盖，用小火焖15分钟至食材熟透。
4. 揭开盖，倒入水淀粉，翻炒均匀；盛出锅中的食材，装入砂煲中。将砂煲置于旺火上，盖上盖，烧热后取下砂煲。
5. 揭开盖子，撒上葱段即可。

037 酸汤肥牛

特点 | 酸辣爽口,非常开胃。

主辅料:
肥牛、青红椒。

调料:
盐、山椒水、麻油、辣椒酱各适量。

制作程序:
1. 肥牛洗净,切片;青、红椒分别洗净,切圈。
2. 锅内下油烧热,加入辣椒酱、盐、山椒水,加水下肥牛煮熟入味,起锅装碗。
3. 热锅放入麻油,下青、红椒圈炒香,淋在菜上即成。

【操作要领】
酸汤至关重要是汤的调味,要酸辣得恰到好处。

038 山椒爽肥牛

特点 | 肥牛口感爽滑,酸来自泡椒,中和了辣味,超级爽口,回味悠长。

主辅料:
肥牛、泡椒、青椒、红椒。

调料:
盐、香油、葱段各适量。

制作程序:
1. 肥牛洗净切薄片;青椒、红椒洗净切圈。
2. 油锅烧热,下肥牛滑熟后捞出;留油炒香青椒、红椒及泡椒、葱段,加适量清水烧开,再放入肥牛同煮片刻。
3. 加入盐调匀,淋上香油即可。

【操作要领】
肥牛略煮片刻即可。

039 椒香肥牛

特点 | 味道鲜美,椒香味突出。

主辅料:
肥牛片、韭菜、青红尖椒。

调料:
青花椒、葱丝、葱节、姜片、料酒、海鲜豉油、盐、白糖、胡椒、味精、鲜汤、色拉油各适量。

制作程序:
1. 韭菜切成长段,青红尖椒切成圈。
2. 韭菜入油锅,加盐、味精炒断生,打起装入盘内垫底。肥牛入汤锅浸煮熟,捞起肥牛盖在韭菜上。炒锅上火,烧油至五成热,放入葱节、姜片爆香,掺入鲜汤,下海鲜豉油、料酒、盐、白糖、胡椒味精调好味,起锅淋于肥牛上。
3. 青红尖椒圈、青花椒入热油锅中爆香,淋于牛肉片上,再撒上葱丝即可。

【操作要领】
肥牛质地细嫩,浸烫片刻即熟。

040 毛血旺

特点｜汤汁红亮、麻辣鲜香、味浓味厚。

主辅料：
猪血、午餐肉。

调料：
豆瓣、干辣椒、花椒、姜、精盐、味精、鲜汤、色拉油各适量。

制作程序：
1. 猪血切成骨牌状，干辣椒洗净切段，姜剁末。
2. 锅内注油烧热，下姜、干辣椒、花椒、豆瓣爆锅，放血块颠匀翻炒，注入鲜汤烧沸，放入午餐肉，撒盐、味精翻匀即成。

【操作要领】
血与肉类不同，煮的时间越长就越嫩、越香。

041 泼辣羊肉

特点 | 麻辣鲜嫩，色泽美观，羊肉鲜嫩。

主辅料：
羊肉、干红椒、香菜。

调料：
盐、酱油、料酒、味精各适量。

制作程序：
1. 羊肉洗净切小片，用盐、酱油和料酒腌渍；干红椒、香菜洗净切段。
2. 锅中注油烧热，下羊肉滑熟盛出。
3. 另起锅注油，下干红椒爆香，再将羊肉倒回锅中，加入香菜同炒，最后加入味精调味即可。

【操作要领】
羊肉要先腌入味。

042 干锅香辣毛肚

特点 | 毛肚脆爽，色泽红艳。

主辅料：
毛肚、干辣椒。

调料：
盐、葱花、料酒、香菜、蒜瓣各适量。

制作程序：
1. 毛肚治净切片，氽烫捞出沥干；干辣椒洗净切段。
2. 热锅上油，烧至四成热，放入干辣椒、蒜瓣炒香，倒入毛肚炒均，调入料酒、盐，加水煮熟，盛入干锅中，撒葱花、香菜即成。

【操作要领】
毛肚要反复漂洗干净。

爆炒羊肚丝 043

特点｜色、香、味俱全。

主辅料：

羊肚、葱、姜、蒜、洋葱、青椒、红椒、干辣椒。

调料：

花椒、盐、味精、白糖、酱油各适量。

制作程序：

1. 葱、姜、蒜洗净切片；洋葱、青椒、红椒均洗净切丝；羊肚洗净，入锅煮熟后切丝。
2. 将羊肚丝放入油锅中炒香后捞出，葱、姜、蒜、花椒炒香，加入洋葱、干辣椒、青红椒爆炒。
3. 再下入羊肚丝，调入盐、味精、白糖、酱油炒入味即可。

【操作要领】

羊肚一定要清洗干净，去掉内膜，不可久炒，大火翻炒。

铁板羊里脊 044

特点 | 肉质非常饱满，滑爽鲜嫩。

主辅料：

羊里脊、洋葱、红椒。

调料：

盐、味精、醋、酱油、料酒、红油、香菜各适量。

制作程序：

1. 里脊洗净切薄片加盐、淀粉、生抽、蛋液腌渍后入锅滑油，取出控油；洋葱切条；红椒切片。
2. 另起锅注油烧热，下姜片、蒜蓉煸香，放羊里脊、洋葱、红椒炒匀，加料酒、美极鲜调好味出锅，放在烧至280℃左右的铁板上即可。

【操作要领】

做铁板类菜的时候，前期的炒制过程中，千万不要把肉做到完全成熟，八成熟即可。

045 椒麻香兔肉

特点 | 可口诱人、色味俱全。

主辅料：
兔肉、青椒、红椒。

调料：
盐、生抽、醋、花椒、鸡蛋清、姜、葱花、蒜末各适量。

制作程序：
1. 兔肉洗净切块，用盐、生抽腌渍后以鸡蛋清上浆；青椒、红椒洗净切圈。
2. 油锅烧热，下兔肉滑熟；另起锅加水、青椒、红椒及花椒、姜片、蒜、兔肉同煮。
3. 加盐、生抽、醋调味，撒上葱花。

【操作要领】
鲜花椒捣碎更容易出味。

046 霸王兔

特点 | 麻辣干香，兔肉细嫩。

主辅料：
兔肉、干红椒。

调料：
盐、味精、生抽、料酒、花椒各适量。

制作程序：
1. 兔肉洗净，剁成块；干红椒洗净，切成段。
2. 锅中注油，烧至五六成热，放入干红椒爆香，下兔肉滑熟。
3. 烹入料酒，加入花椒翻炒，最后调入盐、味精、生抽即可。

【操作要领】
兔肉不可久炒，以免肉质过老。

047 花椒鸡

特点 | 香味十足,鸡肉鲜美。

主辅料:
乌鸡肉。

调料:
干辣椒、青花椒、姜、蒜、料酒、老抽酱油、白糖、盐、精炼油、明油各适量。

制作程序:

1. 鸡肉洗净,斩成块,加入盐、白糖、料酒腌半小时左右;姜、蒜切成片,青花椒洗净晾干。
2. 炒锅下油烧六成热,下鸡块炸变色,捞出滤去油分。
3. 留内底油烧热,加入干辣椒、青花椒、姜片、蒜片爆香,再加入炸好的鸡块,调入老抽翻炒入味,滴少许明油,起锅装盘即可。

【操作要领】

花椒要出香就一定要控制好油温,确保炸制的花椒油出香、出味。

麻辣怪味鸡

特点 | 成品麻、辣、甜、咸、香兼备，吃时百味交陈，肉质鲜嫩爽口，风味独特。

048

主辅料：

鸡肉、红椒、蒜末、葱花。

调料：

盐、鸡粉、生抽、辣椒油、料酒、生粉、花椒粉、辣椒粉、食用油各适量。

制作程序：

1. 将洗净的红椒切小块；洗好的鸡肉斩成小块。
2. 把鸡肉块装入碗中，加入生抽、盐、鸡粉、料酒、生粉，拌匀，腌渍10分钟。
3. 锅中注油，倒入鸡肉块，拌匀，捞出。
4. 锅底留油烧热，加入蒜末、红椒块、鸡肉块，炒匀，倒入花椒粉、辣椒粉、葱花、盐、鸡粉、辣椒油，炒匀，盛出炒好的菜肴即可。

【操作要领】

放入调味料调味时，应将火调小，以免鸡肉炒糊。

049 江湖芋儿鸡

特点｜ 鸡肉质地细嫩滑润，辣而不燥，芋儿粑糯回甜。

主辅料：

土鸡肉、芋头。

调料：

盐、生抽、醋、干辣椒、香菜、葱丝各适量。

制作程序：

1. 土鸡肉洗净斩块；芋头去皮洗净，切块；干辣椒洗净切段；香菜洗净。
2. 油锅烧热，下鸡块滑炒至变色，注入清水烧开，入芋头、干辣椒同煮。
3. 调入盐、生抽、醋，撒上葱丝、香菜即可。

【操作要领】

焖煮芋头鸡块时，要不时揭盖翻炒一下，可使锅内食材受热均匀，容易煮熟入味。

050 重庆烧鸡公

特点 | 美味可口，麻辣鲜香。

主辅料：

公鸡、青椒、红椒、蒜头、葱段、姜片、蒜片、花椒、桂皮、八角、干辣椒。

调料：

豆瓣酱、盐、鸡粉、生抽、辣椒油、花椒油、食用油各适量。

制作程序：

1. 洗净的青椒、红椒均去蒂，切段；宰杀处理干净的公鸡斩件，再斩成小块。
2. 沸水锅中倒入鸡块，汆去血水后捞出。
3. 热锅注油烧热，倒入八角、桂皮、花椒，放入蒜头、鸡块，炒匀，加入姜片、蒜片、干辣椒，放入青红椒、豆瓣酱，炒出香味，放盐、鸡粉、生抽，再淋入辣椒油、花椒油，炒匀调味，盛入碗中，放上葱段即成。

【操作要领】

火一定不能太大，一定要不断翻炒。

051
招牌泼辣鸡

特点｜闻其味，麻辣鲜香，扑鼻而来。尝其味，辣而不呛，回味悠长。

主辅料：

鸡肉、茶树菇、洋葱、青椒、红椒。

调料：

酱油、料酒、盐、红油、干辣椒段、花椒、香菜段各适量。

制作程序：

1. 鸡肉治净，用酱油、料酒腌渍；茶树菇洗净；洋葱、青椒、红椒洗净切块。
2. 热锅上油，下干辣椒、花椒、红油、所有材料、水、盐、香菜，炒匀即可。

052
泡椒三黄鸡

特点｜肉质细嫩，味道鲜美，营养丰富。

主辅料：

鸡肉、莴笋、泡椒。

调料：

盐、蒜瓣、野山椒、酱油、红油各适量。

制作程序：

1. 鸡肉洗净切块；莴笋洗净切条。
2. 热锅下油，入蒜瓣、泡椒、野山椒炒香，放鸡肉、莴笋同炒，加盐、酱油、红油调味。
3. 加水烧熟，盛盘即可。

【操作要领】

可在此菜中加入一些冬笋块或泡姜。

泡椒鸡胗 🌸 053

特点 | 酸香脆爽，辣而飘香。

主辅料：

鸡胗、野山椒、红泡椒、蒜、姜。

调料：

盐、鸡精、胡椒粉各适量。

制作程序：

1. 鸡胗洗净切十字花刀；蒜去皮洗净切片；姜洗净切片。
2. 锅上火，注入清水适量，调入少许盐，水沸后放入鸡胗氽烫，至七成熟捞出，沥干水分。
3. 锅上火，油烧热，放入姜片、蒜片、野山椒、红泡椒炒香，加入氽好的鸡胗，调入盐、鸡精、胡椒粉炒至熟，即可装盘。

【操作要领】

炒制鸡胗时要大火爆炒，时间不宜过长。

辣子跳跳骨 054

特点｜麻辣香气扑鼻，色泽红艳靓丽。

主辅料：

鸡肋骨、干辣椒、鸡蛋。

调料：

盐、料酒、白糖、葱段、姜片、花椒各适量。

制作程序：

1. 干辣椒、花椒洗净；鸡肋骨洗净，加盐、姜片、葱段，将鸡肋骨入味，加入蛋黄拌匀，入七成油锅炸至酥香待用。
2. 将干辣椒、花椒炒香，加入鸡肋骨和料酒、白糖，炒匀装盘即可。

【操作要领】

如果不介意味道重的可以多放，风味更好，辣椒和花椒

055 芙蓉鸡片

特点 | 鸡片洁白如娇嫩芙蓉，成菜清新、妍丽，入口柔软细微鲜美。

主辅料：
鸡脯肉、鸡蛋、葱花。

调料：
姜丝、料酒、盐、水淀粉各适量。

制作程序：
1. 鸡脯肉洗净剁成蓉状，加盐、水淀粉拌匀；鸡蛋打入碗中，加盐拌匀。
2. 烧热油锅，鸡脯肉滑炒至熟捞出；锅底留油，鸡蛋滑炒至熟，捞出；油烧热，姜丝炒香，加入鸡脯肉和鸡蛋翻炒至入味，调入盐、料酒、水淀粉，撒上葱花，装盘。

【操作要领】
鸡脯肉要去掉筋。

056 山城香锅鸡

特点 | 色红油亮，入口鲜美。

主辅料：
鸡。

调料：
大葱、盐、老抽、料酒、红油、醋、姜末、鲜汤各适量。

制作程序：
1. 鸡洗净，切块，用料酒和老抽拌匀腌渍；大葱洗净，切段。
2. 油锅烧热，下姜末爆香，放入腌渍好的鸡块爆炒，加入鲜汤烧开，烹入盐、老抽、料酒。
3. 再加入醋、红油，起锅后撒上葱即可。

【操作要领】
处理好的食材一定要沥干水分，不然影响口感。

057 椒盐鸡脆骨

特点 | 扑鼻而来的鸡肉香、花生香，还有辣椒香，香气复合重叠。

主辅料：

鸡脆骨、青椒、红椒、蒜苗、花生米、蒜末、葱花。

调料：

料酒、盐、生粉、生抽、五香粉、鸡粉、胡椒粉、芝麻油、辣椒油、食用油适量。

制作程序：

1. 将蒜苗切小段；红椒、青椒均去籽，切成块。
2. 沸水锅中倒入鸡脆骨，加入料酒、盐，拌匀，略煮，余去血水，捞出材料。将余好的鸡脆骨倒入碗中，加入生抽，撒上生粉，拌匀上浆，腌渍约10分钟。
3. 热油锅中倒入花生米，拌匀，用中火炸约1分钟，捞出花生，沥干油，待用。油锅中再倒入腌好的鸡脆骨，拌匀，用小火炸约1分钟，捞出鸡脆骨，沥干油，待用。锅底留油烧热，倒入蒜末，爆香，倒入青椒、红椒、蒜苗，炒至变软。
4. 撒上五香粉，炒匀炒香，倒入鸡脆骨。加入盐、鸡粉、胡椒粉、芝麻油，炒匀。浇上辣椒油，炒至入味，撒上备好的葱花，炒出葱香味。关火后盛出炒好的菜肴，装入盘中即可。

058 芽菜碎米鸡

特点 | 色泽红亮,肉质细嫩,咸鲜微辣,芽菜味浓,适宜佐饭。

主辅料：
鸡肉、碎米芽菜、荷叶饼。

调料：
盐、味精、白糖、青红椒、色拉油各适量。

制作程序：
1. 鸡肉切粒,滑油；青红椒切细圈。
2. 炒锅入油烧六成热,下青红椒圈、鸡粒、碎米芽菜炒香,调入盐、味精、白糖炒匀,起锅盛入碟中。
3. 荷叶饼加热围边,鸡粒放入盘中即可。

【操作要领】
控制菜肴的滑油温度和用油量。

059 酥椒鸡块

特点 | 肉质细嫩,咸鲜微辣。

主辅料：
整鸡、花生米、辣椒。

调料：
葱、酱油、盐、味精各适量。

制作程序：
1. 整鸡治净；辣椒、葱洗净,切碎；花生米洗净。鸡入沸水锅煮15分钟,捞出放入冷开水中冷却,沥水,切块摆盘。
2. 油锅,加花生米、辣椒爆香,放葱、盐、味精、酱油调味,淋在鸡块上。

【操作要领】
冷开水中可加入冰块,这样可加速冷却且口感更佳。

060 香锅鸡翅

特点 | 香辣味十足,色泽红艳。

主辅料:

鸡翅、干红辣椒、葱段。

调料:

花椒、蒜苗、蒜、盐、酱油、醋各适量。

制作程序:

1. 鸡翅洗净,斩小块;干红辣椒洗净;蒜苗洗净切段;蒜去皮洗净,切末。
2. 起油锅,入花椒、干红辣椒、蒜末、鸡翅、葱段煸炒,加盐、酱油、醋调味,加清水焖。快熟时,入蒜苗炒香,起锅装盘即可。

【操作要领】

翅膀用冷水浸泡后,血水被泡出,做好的成品味道更好。

061 贵妃鸡翅

特点 | 色泽金黄发亮,鸡肉滑嫩入味。

主辅料:

鸡翅、豆角。

调料:

泡椒、盐、酱油、醋、红油、香菜各适量。

制作程序:

1. 鸡翅治净,横切几刀;豆角去头尾洗净,切段;香菜洗净切段。
2. 油锅烧热放入鸡翅、豆角翻炒,加水,放泡椒,加盐、酱油、醋、红油调味。
3. 焖熟,盛入干锅,撒上香菜即可。

【操作要领】

选用嫩仔鸡翅。把握好火候,微火慢慢烧煨焖,以便入味。

干锅豆干鸡 062

特点 | 色彩靓丽,口味香辣。

主辅料:

鸡、豆干、豇豆、洋葱。

调料:

盐、花椒油、料酒、香菜、青椒、红椒各适量。

制作程序:

1. 鸡治净切块;豆干切条;豇豆洗净切段;洋葱洗净切片;青、红椒洗净切块;香菜洗净。
2. 鸡块炸熟捞出;原锅留油,入青、红椒、鸡块、豆干、豇豆、洋葱、花椒油、料酒炒至入味。
3. 放入盐、香菜即可。

【操作要领】

炸鸡块油温以六成热为宜。

干锅蜀香鸡 063

特点 | 烹饪简单，营养丰富。

主辅料：
鸡肉、茶树菇。

调料：
花椒、盐、鸡精、泡椒、酱油、醋、香菜各适量。

制作程序：
1. 鸡肉治净；茶树菇泡发洗净；香菜洗净切段。
2. 起油锅，入花椒爆香，放鸡肉翻炒，下泡椒、茶树菇，加盐、鸡精、酱油、醋炒匀。
3. 入干锅，撒上香菜即可。

【操作要领】
茶树菇一定要仔细清洗干净。

064 火腿炒鸡蛋

特点 | 取材方便，做法简单，色泽美观，营养丰富，健康美味。

主辅料：
鸡蛋、火腿肠、黄油、西兰花。

调料：
盐适量。

制作程序：
1. 火腿肠去包装，切成丁；洗净的西兰花切成小块。
2. 取一碗，打入鸡蛋，加入盐，打散成蛋液。
3. 锅置火上，放黄油，烧至熔化，倒入蛋液，炒匀，放入西兰花，炒约2分钟至熟。
4. 倒入火腿丁，翻炒1分钟至香气飘出即可。

065 蒜爆干锅鸡

特点 | 色香味俱全，令人胃口大开。

主辅料：
鸡、青椒、红椒、大蒜。

调料：
盐、红油、葱白丝、香菜段、辣椒酱各适量。

制作程序：
1. 鸡治净切块；蒜去皮洗净；青椒、红椒洗净，切圈。
2. 油锅烧热，下大蒜、辣椒酱炒香，入鸡块炸熟，放青椒、红椒略炒，注水烧开。
3. 调入盐拌匀，淋入红油，撒上香菜、葱白丝。

【操作要领】
炸鸡块时油温不宜过高。

066 鸡蛋炒百合

特点 | 色泽金黄,口味清淡。

主辅料:
鲜百合、胡萝卜、鸡蛋、葱花。

调料:
盐、鸡粉、白糖、食用油各适量。

制作程序:
1. 洗净去皮的胡萝卜切厚片,再切条形,改切成片。
2. 鸡蛋打入碗中,加入盐、鸡粉,拌匀,制成蛋液。
3. 锅中注入适量清水烧开,倒入胡萝卜、百合,加入少许白糖,煮至食材断生,捞出待用。
4. 用油起锅,倒入蛋液,炒匀,放入焯过水的材料,炒匀,撒上葱花,炒出葱香味即可。

【操作要领】
炒鸡蛋时火不宜大,容易炒老。

香辣鸡翅

特点 | 味道香浓,咸辣适宜。

067

主辅料：
鸡翅、干辣椒、蒜末、葱花。

调料：
盐、生抽、白糖、料酒、辣椒油、辣椒面、食用油各适量。

制作程序：
1. 洗净的鸡翅装入碗中，加盐、生抽、白糖、料酒，拌匀，腌渍片刻。
2. 热油锅中放入鸡翅，用小火炸至其呈金黄色，捞出，沥干油。
3. 锅底留油烧热，倒入蒜末、干辣椒，爆香，放入炸好的鸡翅，淋入料酒，炒香。
4. 加入生抽，炒匀，倒入辣椒面，炒香，淋入辣椒油，加入盐，炒匀调味，撒上葱花，炒出葱香味，关火后盛出炒好的鸡翅，装入盘中即可。

【操作要领】
烹调翅膀肉时，应以慢火烧煮，才能散发出香浓的味道。

068 文蛤蒸鸡蛋

特点｜ 清淡、爽口，色香味全。

主辅料：
文蛤、鸡蛋、红椒粒。

调料：
葱花、盐、香油各适量。

制作程序：
1. 用刀把文蛤口分开，洗净；鸡蛋磕入碗中，搅打成蛋液。
2. 文蛤摆入碗中；鸡蛋加水、盐拌匀，倒入装有文蛤的碗中，再滴少许香油，撒上葱花、红椒粒，放入锅中蒸15分钟即可。

【操作要领】
鸡蛋与水为1:1。

069 蛤蜊蒸鸡蛋

特点 | 美味又营养。

主辅料：

蛤蜊、姜片、葱段、鸡蛋液。

调料：

盐适量。

制作程序：

1. 锅中注入适量水烧开，倒入葱段、姜片、蛤蜊，汆煮片刻。
2. 关火后捞出汆煮好的蛤蜊，沥干水分，装入盘中待用。
3. 取鸡蛋液，加入盐，搅拌均匀。
4. 将拌好的鸡蛋液倒入装有蛤蜊的盘中。
5. 放入已烧开的蒸锅中，小火蒸10分钟至熟即可。

【操作要领】

蛋液在烹饪前可过滤去掉泡沫，这样蒸出来的蛋液会更加细腻。出锅后可以加些葱花、酱油调味。

070 丁香鸭

特点 | 色泽红亮，肉质软嫩，鲜香可口。

主辅料：
鸭肉、桂皮、八角、丁香、草豆蔻、花椒、姜片、葱段。

调料：
盐、冰糖、料酒、生抽、食用油各适量。

制作程序：
1. 鸭肉洗净斩块，下沸水锅汆煮2分钟去血渍，捞出沥干待用。
2. 用油起锅，撒上少许姜片、葱段，爆香，倒入汆好的鸭肉。
3. 炒匀，淋入料酒炒出香味，加入生抽，炒匀炒透。
4. 加入冰糖、桂皮、八角、丁香、草豆蔻、花椒，炒匀炒香。
5. 注水后用大火煮沸，加入盐，盖上盖，转中小火焖煮约30分钟。
6. 至食材熟透，揭盖拣出姜葱以及其他香料，再转大火收汁。

071 巴蜀醉仙鸭

特点 | 香气扑鼻，色鲜味美，外脆内嫩，香酥爽口。

主辅料：
鸭、红椒。

调料：
盐、豆豉、蒜苗、啤酒、老抽各适量。

制作程序：
1. 鸭子处理干净斩块，汆水，捞起沥水待用；红椒洗净，切成滚刀块；蒜苗洗净，切段。
2. 热锅入油，放豆豉炒香，加入鸭块炒至入味，再调入盐、老抽，放啤酒烧沸，放入红椒块、蒜苗段，转小火煨至酥烂即可。

【操作要领】
鸭子焯水时间不宜过长。

木桶鸭肠 072

特点 | 香辣可口，有嚼劲。

主辅料：
鲜鸭肠、青尖椒、红尖椒。

调料：
盐、糖、料酒、葱段、姜片、红油各适量。

制作程序：
1. 将鸭肠刮去油渍，洗净。
2. 青尖椒、红尖椒洗净，切片。
3. 锅中下入红油，将姜、葱、青尖椒、红尖椒炒香，再往锅中放入鸭肠，加入盐、糖、料酒炒匀，装盘即可。

【操作要领】
鸭肠可用盐、生粉反复清洗。

秘制鸭 ❀ 073

特点 | 咸鲜口味，微辣。

主辅料：

鸭、红椒。

调料：

生抽、老抽、白糖、葱、蒜各适量。

制作程序：

1. 鸭子治净，斩块；红椒洗净，切圈；葱洗净，切段；蒜去皮。
2. 油锅烧热，倒入鸭块炒至微黄，加入生抽、老抽、白糖炒匀。
3. 锅内注入适量清水烧开，待将熟收汁时加入红椒圈、葱段、蒜瓣再焖15分钟即可。

【操作要领】

鸭子可先焯水去除血腥味。

074 苦笋粉鸭掌

特点 | 泡椒味浓厚，鸭掌耙软。

主辅料：
苦笋、鸭掌、泡椒。

调料：
盐、味精、酱油、大蒜、香菜各适量。

制作程序：
1. 苦笋洗净，切成块；鸭掌洗净，用温水氽过后备用；泡椒洗净；大蒜洗净，切开。
2. 锅内注油，旺火烧至热，放入泡椒、鸭掌、苦笋爆炒，再放入盐、酱油、大蒜翻炒。
3. 炒至汤汁收浓时，加入味精，撒上香菜即可。

【操作要领】
鸭掌最好去掉筋。

075 霸王鸭肠

特点 | 味道鲜美，香脆可口。

主辅料：
鸭肠、辣椒。

调料：
盐、酱油、醋各适量。

制作程序：
1. 鸭肠刮洗干净，抹盐腌渍后沥干水；辣椒洗净切片。
2. 锅中加水烧沸，下鸭肠稍烫至熟，捞出。油锅烧热，下入鸭肠炒熟。
3. 油锅烧热，加入辣椒，炒至入味后，再加入鸭肠一起翻炒至熟，加调料炒匀即可。

【操作要领】
鸭肠氽水的时间不宜过长，否则煮老了影响口感。

076 酱板鸭

特点 | 色泽深红,皮肉酥香,酱香浓郁,滋味悠长。

主辅料:
鸭子。

调料:
姜片、葱段、花椒、桂皮、干辣椒、八角、沙姜、陈皮、砂仁、白芷、豆蔻、荜拨、小茴香、甘草、罗汉果、香叶、料酒、啤酒、生抽、冰糖、花生油、香油、盐、玫瑰露酒各适量。

制作程序:

1. 鸭子剁去鸭掌,从背部开膛取出内脏,洗净,再把鸭身展开,反扣于案板上,用重物压扁。取一盆,放入一半的姜片、葱段、料酒、盐及干辣椒、花椒、玫瑰露酒,加入适量清水,拌匀,将鸭子放入盆中,浸泡至入味后放入200℃的烤箱,烤至六成熟。
2. 将八角、沙姜、桂皮、小茴香、陈皮、砂仁、豆蔻、荜拨、白芷、香叶、甘草、罗汉果装入一个纱布袋中,做成香料包。
3. 将剩余的姜片、葱段爆香,加入清水、料酒、盐、啤酒、生抽、冰糖、香料包,放入鸭子,卤至熟后捞出。大火将卤汁收浓,均匀地淋在鸭身上,最后在鸭身表面抹上香油即可。

077 馋嘴鸭掌

特点 | 香辣味美，耙软香糯。

主辅料：

鸭掌、西芹、干辣椒、花椒、姜片、蒜末、葱白。

调料：

盐、味精、豆瓣酱、陈醋、生抽、辣椒酱、料酒、辣椒油、食用油、水淀粉各适量。

制作程序：

1. 西芹洗净切小块；将洗净的鸭掌爪尖切除，放入盘中备用。
2. 锅中倒水烧开，倒入鸭掌，加入料酒，氽至断生，捞出。
3. 用油起锅，倒入姜片、蒜末、葱白、干辣椒、花椒，爆香，倒入鸭掌，炒匀。
4. 放入料酒、豆瓣酱、陈醋、辣椒酱、清水，拌匀，调入盐、味精、生抽。
5. 盖上盖，小火焖2分钟，揭开锅盖，倒入少许辣椒油拌匀，倒入西芹，炒匀。
6. 拌煮片刻至熟，加少许水淀粉勾芡，翻炒均匀，用大火收汁，盛出装盘即可。

078
干锅将军鸭

特点 | 鸭肉混合辣椒的香味，变得更加香、辣。

主辅料：
水鸭、干辣椒。

调料：
盐、蒜、味精、姜片、豆瓣酱、红油、葱段各适量。

制作程序：
1. 水鸭切块，汆水稍炸；姜洗净切片；蒜去皮切粒。
2. 油锅烧热，下干辣椒、蒜粒、姜片炒香。
3. 加鸭肉和水，煨烂，加豆瓣酱、红油、葱段、盐、味精，煨入味即可。

【操作要领】
可以先行腌渍，让鸭肉更加入味。

079
鸭血焖鸡杂

特点 | 鸭血软糯，鸡杂香辣。

主辅料：
鸭血、鸡肝、鸡胗。

调料：
红椒粒、葱花、红油、盐、鲜汤各适量。

制作程序：
1. 鸭血洗净，切块；鸡肝洗净，切块；鸡胗洗净，切花刀，再切块。
2. 油锅烧热，下鸭血、鸡肝、鸡胗爆炒，再加红椒粒续炒5分钟。
3. 加入鲜汤，调入盐、红油烧开，撒上葱花即可。

【操作要领】
鸡杂和鸭血不要炒得过久。

080 爆炒鸽杂

特点 | 口感香辣，耐人寻味。

主辅料：

鸽杂、青椒、红椒。

调料：

盐、辣椒酱、红油、料酒、香菜叶各适量。

制作程序：

1. 鸽杂治净切块；青椒、红椒均洗净切圈；芹菜叶洗净。
2. 锅下油烧热，放入鸽杂、青椒、红椒炒匀后，加盐、辣椒酱、红油、料酒调味，稍微加点水烧片刻。
3. 待熟，盛盘，用香菜叶装饰即可。

081 乳鸽煲

特点 | 乳鸽肉质细嫩，滋补强身。

主辅料：

乳鸽。

调料：

青红椒圈、蒜苗、大蒜、香料包、料酒各适量。

制作程序：

1. 蒜苗洗净，切段；大蒜去皮，洗净；乳鸽处理干净。
2. 油锅烧热，爆香大蒜、青红椒圈，放乳鸽煎至表皮呈微黄色，加料酒和清水搅匀，放香料包煮沸后取出，撒蒜苗即可。

【操作要领】

煎乳鸽时要注意火候。

082 椒盐鸭舌

特点 | 风味独特,口感香脆。

主辅料:

鸭舌、青椒、红椒、蒜末、辣椒粉、花椒粉、葱花。

调料:

盐、鸡粉、生抽、生粉、料酒各适量。

制作程序:

1. 洗净的红椒去籽,切粒;洗好的青椒去籽,切粒。
2. 锅中加清水、鸭舌、料酒、盐,汆去血水,捞出,沥干水分;将鸭舌装入碗中,放入生抽、生粉,拌匀。
3. 热锅注油,倒入鸭舌,炸至金黄色,捞出,沥干油。
4. 锅底留油,放蒜末、葱花爆香,倒入辣椒粉、花椒粉、红椒、青椒、盐、鸡粉、鸭舌炒匀,盛出即可。

【操作要领】

炸鸭舌时火不能太大。

黄芪水煮鱼

特点 | 鱼片嫩滑,香味独特。

083

主辅料：

草鱼、豆芽、生菜、干辣椒、花椒、黄芪、枸杞、蛋清、姜片、葱。

调料：

盐、鸡粉、豆瓣酱、料酒、生粉、食用油各适量。

制作程序：

1. 草鱼收拾干净切开，将鱼骨剁块，鱼肉切片；鱼片加盐、鸡粉、蛋清、生粉拌匀。
2. 起油锅，放鱼骨、姜片、葱段、豆瓣酱炒匀，加水、黄芪、枸杞、料酒，煮至沸。
3. 拣出鱼骨，放入生菜、豆芽，煮至软，捞出装碗；鱼片入锅煮熟，装碗。
4. 另起锅倒油烧热，放入花椒、干辣椒，炒香，将炒好的油浇在鱼肉上，撒上葱花即可。

【操作要领】

片好的鱼片可以用盐搓洗，盐可以让鱼片的水分掉一些，使鱼肉紧致弹性好。

084 川西泼辣鱼

特点 | 香酥嫩脆，麻辣爽口，回味无穷。

主辅料：

鲈鱼、白萝卜丁、熟花生米、黄豆、红尖椒。

调料：

盐、花椒、姜片、蒜片、葱花、料酒、香菜段、红油各适量。

制作程序：

1. 所有材料治净。
2. 热油锅，下姜片、蒜片、花椒、鲈鱼炒香，加凉水、白萝卜丁、黄豆、熟花生米、红尖椒、盐、料酒、红油煮熟，撒上葱花、香菜段即可。

【操作要领】

也可在炒制时先加入红油炒香。

085 香辣砂锅鱼

特点 | 鲜美香辣，令人回味无穷。

主辅料：
草鱼肉块、黄瓜、红椒、泡小米椒、花椒、姜片、葱段、蒜末、香菜末。

调料：
盐、鸡粉、生抽、老抽、豆瓣酱、生粉、食用油各适量。

制作程序：

1. 泡小米椒切碎；红椒洗净切块；黄瓜洗净切丁；鱼块加生抽、盐、鸡粉、生粉腌渍。
2. 草鱼块入油锅炸至呈金黄色，捞出；锅留油，爆香葱段、姜片、蒜末、花椒。
3. 放入黄瓜、红椒、泡小米椒、豆瓣酱、水、生抽、老抽、鸡粉、盐、草鱼块，拌匀，煮至沸。
4. 倒入水淀粉，炒至入味，装入砂锅中，中火煲煮至沸，取下砂锅，揭盖，点缀上香菜即可。

【操作要领】
腌鱼块时，加入几滴花生油会更嫩滑。

086 川式风味鱼

特点 | 老少咸宜，食后让人回味无穷。

主辅料：
鲢鱼肉、青椒、红椒。

调料：
盐、胡椒粉、料酒、香油、水淀粉、姜末各适量。

制作程序：
1. 鱼肉洗净切厚片，加盐、料酒、水淀粉腌渍；青椒、红椒均洗净切圈。
2. 油锅烧热，放入鱼片滑熟盛出。
3. 再热油锅，入姜末、青椒、红椒、清水，倒入鱼片煮熟，加盐、胡椒粉、香油即可。

【操作要领】
鱼片滑油不可过久。

087 川府酥香鱼

特点 | 口味酥香，造型美观，菜色酱红油润，鲜香细腻，别有风味。

主辅料：
鱼肉、酸豆角、胡萝卜。

调料：
盐、料酒、红油、干红椒、熟芝麻、葱段各适量。

制作程序：
1. 鱼肉洗净切好；酸豆角、胡萝卜、干红椒洗净。
2. 油锅烧热，入鱼块稍炸后盛出；再热油锅，入干红椒炒香，放入酸豆角、胡萝卜同炒，注入清水烧开，倒入鱼块同煮至熟，调入盐、料酒、红油、葱段拌匀，撒上熟芝麻。

糊辣酱香鱼 ✿ 088

特点 | 香辣咸鲜，肉质鲜嫩，糊辣味浓郁。

主辅料：
鲈鱼、冬笋、木耳、花生米。

调料：
盐、熟芝麻、料酒、葱段、干辣椒、香菜各适量。

制作程序：
1. 鱼治净，用盐、料酒腌渍；冬笋洗净切条；香菜洗净；干辣椒洗净切段；木耳泡发洗净。
2. 热油锅，鲈鱼炸至金黄色捞出。
3. 热油锅，入木耳、冬笋、花生米、干辣椒、葱段、鲈鱼、盐、料酒焖熟，撒上香菜、熟芝麻。

【操作要领】
在给鱼肉码味、上浆时也可以加入鸡蛋清，但如果采用加鸡蛋清上浆的方法，上浆后的鱼肉必须放在烧至四成热的油中滑30秒后再进行烹调。

豆花鱼片 089

特点 | 鱼片既滑嫩又不油腻。

主辅料：
草鱼、豆花、葱段、姜片。

调料：
鸡粉、味精、盐、蛋清、水淀粉、食用油各适量。

制作程序：
1. 草鱼洗净去骨，切片，加味精、盐、蛋清、水淀粉、食用油腌渍。
2. 用油起锅，倒入姜片爆香，注入适量清水煮沸，加入鸡粉、盐。
3. 倒入鱼肉煮熟，用水淀粉勾芡，淋入食用油，撒上葱段拌匀。
4. 豆花装盘，放上鱼肉片，浇入原锅汤汁即成。

【操作要领】
事先将豆花放入蒸锅用小火蒸一会儿，可以增加成菜的风味。

090

香菜烤鲫鱼

特点 | 又嫩又香、丰富多汁。

主辅料：

鲫鱼、香菜、竹签。

调料：

盐、鸡精、香油、辣椒粉各适量。

制作程序：

1. 将鲫鱼处理干净，打上花刀；香菜洗净，切碎，塞入鲫鱼肚子里。
2. 鲫鱼两面抹上盐、鸡精、辣椒粉、香油，用竹签串起，放入微波炉中烘烤。
3. 烤3分钟至熟取出即可。

【操作要领】

如果不喜欢食辣，添加烧烤酱入味更好吃。

091

巴蜀香煮鲈鱼

特点 | 味道咸鲜，肉质细嫩。

主辅料：

鲈鱼、青椒、红椒。

调料：

盐、胡椒粉、料酒、香油、水淀粉各适量。

制作程序：

1. 鲈鱼治净，取鱼肉切片，加盐、料酒、水淀粉腌渍；青椒、红椒均洗净切圈。
2. 油锅烧热，入青椒、红椒、鱼头、鱼尾略炸，注清水烧开。
3. 入鱼片煮熟，加盐、胡椒粉、香油拌匀，起锅装盘即可。

092 爆炒生鱼片

特点 | 鱼肉嫩滑、鱼皮爽脆。

主辅料：
生鱼1条，青椒、红椒各50克，大蒜、生姜、葱各少许。

调料：
盐、味精、水淀粉、白糖、料酒、辣椒酱、食用油各适量。

制作程序：
1. 生鱼治净去骨，取肉切片；青椒、红椒洗净切片；大蒜、生姜去皮切片；葱洗净切段。
2. 鱼加盐、味精、水淀粉、油腌渍。
3. 锅加水、油煮沸，放青椒、红椒焯水捞出；生鱼片滑油捞出。
4. 锅留底油，加入姜片、蒜片和辣椒酱炒香，加入青椒、红椒、葱、生鱼片、盐、味精、白糖和料酒炒匀即可。

【操作要领】
鱼片腌时下少许花生油能使鱼肉更加嫩滑。

豆豉蒸鳕鱼

特点 | 鱼肉鲜嫩,汤汁咸香。

093

主辅料：

鳕鱼肉、豆豉、小米椒、姜末、蒜末、葱花。

调料：

盐、料酒、蒸鱼豉油、食用油各适量。

制作程序：

1. 将洗净的鳕鱼肉装入蒸盘，用盐和料酒抹匀两面。
2. 撒上姜末，放入洗净的豆豉，倒入蒜末、小米椒。
3. 蒸锅水烧开后放入蒸盘。
4. 盖上盖，蒸约8分钟，至食材熟透。
5. 揭盖，取出蒸盘。
6. 撒上葱花，浇上热油，淋入蒸鱼豉油即可。

【操作要领】

鳕鱼肉上要切上几处花刀，这样蒸的时候才更易入味。

094 荷香蒸甲鱼

特点 | 具有淡淡的荷叶香，甲鱼肉质软嫩香滑，令人回味无穷。

主辅料：

甲鱼、荷叶。

调料：

姜、蒜、葱、盐、枸杞、料酒、酱油各适量。

制作程序：

1. 甲鱼治净切块，用盐、料酒、酱油腌渍；荷叶洗净，铺在蒸笼底部；葱洗净切末；姜、蒜均洗净切末；枸杞洗净。
2. 甲鱼放在荷叶上，撒姜末、蒜末、枸杞，蒸熟后取出，撒上葱末即可。

【操作要领】

甲鱼不能焯水。

095
生爆水鱼

特点 | 味道鲜美，滋补养身。

主辅料：
甲鱼肉块、蒜苗、水发香菇、香菜、姜片、蒜末、葱段、辣椒面。

调料：
盐、鸡粉、白糖、老抽、生抽、料酒、食用油各适量。

制作程序：

1. 蒜苗梗用斜刀切成段；蒜苗叶切长段；香菜切小段；香菇切小块。
2. 锅中注水烧开，倒入甲鱼肉块，拌匀，淋入少许料酒，煮约1分钟，汆去血渍，捞出汆煮好的甲鱼肉，沥干水分，待用。
3. 用油起锅，倒入姜片、蒜末、葱段，爆香，放入香菇块，翻炒均匀。
4. 倒入汆过水的甲鱼肉，拌炒匀，加入适量生抽、料酒，炒匀提味。
5. 撒上辣椒面，炒出香辣味，注入适量清水，加入少许盐、鸡粉、白糖、老抽，翻炒匀，略煮一会儿。
6. 倒入水淀粉，炒匀，大火收汁，放入蒜苗，炒至断生，关火后盛出菜肴，装入盘中，点缀上香菜即可。

096
核桃仁虾球

特点 | 虾肉松软,核桃酥脆。

主辅料:

虾仁、核桃仁、淀粉。

调料:

盐、味精、糖、生抽各适量。

制作程序:

1. 虾仁洗净,入油锅中滑熟后,捞出沥油;核桃仁洗净,入油锅中炸熟后,捞起沥油备用。
2. 炒锅置于火上,注油烧热,放入虾仁翻炒至呈金黄色时,加入盐、糖、生抽。
3. 加入味精,再用淀粉勾芡后,装入盘中,再摆上炸熟的核桃仁即可。

【操作要领】

虾仁滑油片刻即可捞出。

097
豆豉剁椒蒸泥鳅

特点 | 泥鳅耙软,成菜香辣适口。

主辅料:

泥鳅、豆豉、剁椒、朝天椒、姜末、葱花、蒜末。

调料:

盐、鸡粉、料酒、食用油各适量。

制作程序:

1. 热锅注入食用油,烧至六成热,倒入处理好的泥鳅,油炸至焦黄色。将其捞出,沥干油分装入碗中,在泥鳅中放入豆豉、剁椒、姜末、蒜末。
2. 再加入朝天椒,放入盐、鸡粉、料酒、食用油,拌匀,倒入蒸盘中,待用。
3. 蒸锅注水烧开,放入泥鳅,大火蒸10分钟至入味,将泥鳅取出,再撒上备好的葱花即可。

098 粉丝蒸扇贝

特点 | 粉丝粑软，扇贝鲜美。

主辅料：
扇贝、粉丝、豉汁。

调料：
蒜蓉、姜末、葱花、精盐、熟油各适量。

制作程序：
1. 粉丝剪断，用热水泡软；用小刀把扇贝肉从贝壳上剔下，留用，扇贝壳排入大盘中。
2. 将白糖、豉汁、蒜蓉、姜末、精盐放入一小碗中，拌匀待用。
3. 把粉丝均匀地放在贝壳上，然后依次放入扇贝肉，淋入拌好的调料，上笼用大火蒸6分钟取出，撒上葱花，浇上少许熟油即成。

099 铁板鱿鱼筒

特点 | 造型美观，香味浓郁。

主辅料：
鱿鱼、洋葱丝、卤水。

调料：
沙拉酱、海鲜酱、黑胡椒粉、葱末各适量。

制作程序：
1. 鱿鱼治净氽水，取出后卤30分钟，改刀。
2. 油锅烧热，放入洋葱丝和葱末炒香，加沙拉酱、海鲜酱、黑胡椒粉调成汁。
3. 取铁板烧至九成热，鱿鱼放于铁板上，浇上调好的汁上桌，撒上葱末。

100 干锅带鱼

特点 | 干香可口,略带辣味。

主辅料:
带鱼块、青椒块。

调料:
盐、胡椒粉、葱、姜、蒜各适量。

制作程序:
1. 带鱼择洗净切段;姜去皮切片;蒜去皮;带鱼洗净,调入盐、葱段腌渍。
2. 油烧热,放入带鱼块炸香,捞出。
3. 锅中留油,放入姜、蒜、葱和青椒块、带鱼,调入盐、胡椒粉炒入味,即可装入干锅中。

【操作要领】
带鱼不可炸太久,炸香即可,以免太干影响口感。

101 渝香田螺肉

特点 | 鲜香爽口,肥嫩的田螺肉中,散发出浓郁的韭菜香,让人欲罢不能。

主辅料:
韭菜、田螺肉、枸杞。

调料:
生姜、花生油、盐、味精、白糖、绍酒、胡椒粉、麻油、湿生粉各适量。

制作程序:
1. 韭菜洗净切小段,田螺肉洗净,枸杞泡透,生姜去皮切小片。
2. 锅内加水,待水开时下入田螺肉,煮去它部分腥味,捞起滴干水分。
3. 另烧锅下油,放入生姜片、田螺肉、绍酒煸炒片刻,加入韭菜段、胡椒粉、枸杞,调入盐、味精、白糖,用中火炒透,下湿生粉勾芡,淋入麻油即可。

荷叶蒸牛蛙 102

特点 | 蒸出的牛蛙肉质既保持了鲜嫩,又有酱香和荷叶的清香。

主辅料:
牛蛙、荷叶、香菇、枸杞、红枣、红椒丝。

调料:
盐、胡椒粉、料酒、蚝油、姜片、葱段各适量。

制作程序:
1. 牛蛙治净切块,用料酒、葱、盐腌渍;荷叶泡软垫入笼底。
2. 牛蛙加蚝油、胡椒粉、香菇、枸杞、红枣拌匀,入笼铺好。
3. 蒸七分钟至熟,撒上葱、红椒丝,淋热油即可。

【操作要领】
蒸时一气蒸熟,中途不要断火,以免上水。

串串香辣虾 103

特点 | 香辣可口,色泽红亮,外酥里嫩。

主辅料:

基围虾、竹签、干辣椒、红椒末、蒜末、葱花。

调料:

盐、味精、辣椒粉、芝麻油、食用油各适量。

【操作要领】

要将虾肠去掉。

制作程序:

1. 基围虾洗净去掉头、须和脚,取一根竹签,由虾尾部插入,把所有虾穿好。
2. 热锅注油,烧至五成热,倒入基围虾,炸约2分钟至熟透捞出。
3. 锅留底油,倒入蒜末、红椒末爆香,倒入干辣椒。
4. 加入葱花炒香,倒入炸好的基围虾。
5. 加盐、味精、芝麻油、辣椒粉炒匀。
6. 把炒好的香辣虾取出,装盘,再将锅中底料铺在上面即成。

104 干锅香辣虾

特点 | 汁浓味厚，肉质紧韧爽脆。

主辅料：
虾、干辣椒、鹌鹑蛋、芝麻、鸡蛋清。

调料：
盐、酱油、红油、香菜各适量。

制作程序：
1. 虾治净，加盐腌渍，裹鸡蛋清；干辣椒洗净切段；鹌鹑蛋煮熟剥皮。
2. 油锅下干辣椒、芝麻炒香，放虾炒黄。
3. 加盐、酱油调味，放鹌鹑蛋、香菜、红油，拌匀即可。

【操作要领】
口味较重的可加入郫县豆瓣炒制。

105 干锅小龙虾

特点 | 口味辣鲜香，色泽红亮，质地滑嫩，滋味香辣。

主辅料：
小龙虾、鸡肉、黄鳝、洋葱。

调料：
盐、味精、料酒、香油、青椒、红椒各适量。

制作程序：
1. 小龙虾治净；鸡肉洗净切块；黄鳝治净。
2. 油锅烧热，下小龙虾爆炒，再入鸡肉、黄鳝、青椒、红椒、洋葱同炒。
3. 注水烧开，加盐、味精、料酒、香油拌匀。

【操作要领】
喜欢吃辣味的可适当添加含有豆豉类的辣酱，味道更为香辣浓郁。

106 椒盐濑尿虾

特点 | 美味可口,可佐菜下酒。

主辅料:
濑尿虾、洋葱、红椒、蒜末、葱花。

调料:
辣椒酱、味椒盐、食用油各适量。

制作程序:

1. 洋葱、红椒均洗净切粒;处理干净的濑尿虾,焯水捞出沥干。
2. 濑尿虾入油锅中炸至虾肉外脆里嫩,捞出,沥干油。
3. 用油起锅,倒入红椒粒、洋葱粒、蒜末爆香,放入辣椒酱炒匀。
4. 倒入濑尿虾,撒上味椒盐,翻炒入味,撒上葱花,盛出装盘即可。

【操作要领】

若选用自己炒制的椒盐,最好滴上少许芝麻油,不仅能增香,还可提味。

蜜汁南瓜

特点 | 做法简单,口感绵软,香甜怡人。

107

主辅料：
南瓜、百合、枸杞。

调料：
冰糖适量。

制作程序：
1. 南瓜削皮，去瓤，切薄片，入盘中摆好。
2. 百合洗净，置于南瓜上；枸杞洗净，撒在百合上。
3. 将南瓜入锅中蒸熟，取出备用；锅中放油，加清水、冰糖煮至溶化，起锅浇淋在南瓜上即可。

【操作要领】
南瓜蒸得不能太过。

108 八宝南瓜

特点 | 甜蜜的八宝饭搭配软糯的南瓜，好看又好吃。

主辅料：
老南瓜、细豆沙、葡萄干、蜜饯、糯米、莲子。

调料：
白糖、糖桂花、香油各适量。

制作程序：
1. 南瓜洗净去瓤去皮，切块；糯米洗净，用开水煮至断生。
2. 将蜜饯、葡萄干、莲子、细豆沙、白糖同糯米拌匀，装入摆在碗里定形的南瓜里，上蒸笼蒸至熟，取出。
3. 用白糖、糖桂花打汁，淋入少许香油拌匀，浇在成形的八宝南瓜上即可。

【操作要领】
把各种原料的形状、颜色直接码好，出锅就不要动了，直接浇糖汁即可。

板栗娃娃菜 🌸 109

特点 | 娃娃菜软烂,板栗仁甘香,鲜咸微辣。

主辅料:
娃娃菜、板栗。

调料:
盐、葱花、红椒、鸡汤各适量。

制作程序:
1. 娃娃菜洗净;红椒洗净,切丁;板栗放水中煮熟,去壳取仁。
2. 热锅上油,下入红椒丁略炒,放入鸡汤烧开,下入娃娃菜煮软,调入适量盐,放入板栗仁,撒上葱花即可。

【操作要领】
娃娃菜爱出水,鸡汤放的量不要太多。

豇豆煸茄子 🏵 110

特点 | 色泽鲜艳，香辣可口。

主辅料：
豇豆、茄子。

调料：
干红辣椒、盐、鸡精、醋各适量。

制作程序：
1. 豇豆去蒂、洗净，切段；茄子去蒂，洗净，切条；干红辣椒洗净，切段。
2. 热锅下油，放入干红辣椒爆香，放豇豆、茄子煸炒片刻，加盐、鸡精、醋调味，炒至断生，起锅装盘即可。

【操作要领】
豆角一定要炒熟才能吃。

111 沸腾蚕豆

特点 | 色味俱全，香辣诱人。

主辅料：
蚕豆、朝天椒。

调料：
盐、葱、八角粉、姜末各适量。

制作程序：
1. 蚕豆洗净；朝天椒、葱均洗净切段。
2. 油锅烧热，下蚕豆翻炒片刻，加适量水煮熟，调入盐、八角粉、姜末，炒匀后盛起。
3. 另起油锅，下朝天椒、葱段，调入盐爆炒1分钟，和热油一起盛起，浇在蚕豆上即可。

【操作要领】
冻蚕豆可解冻后加盐腌渍入味。

112 鱼香茄子煲

特点 | 其味厚重悠长，余味缭绕，回味无穷。

主辅料：
茄子、泡红辣椒。

调料：
盐、鸡精、白糖、酱油、葱花各适量。

制作程序：
1. 茄子去皮洗净切条；泡红辣椒切碎。
2. 油锅烧热，下泡红辣椒炒香，再放入茄子炒熟，加入白糖、酱油调味。
3. 锅内加入少许清水，烧至汁浓时调入盐、鸡精，撒上葱花即可。

【操作要领】
茄子可先去除多余水分。

113 香菇烧冬笋

特点 | 鲜嫩清香,减肥轻身。

主辅料:
香菇、冬笋、豆苗。

调料:
盐、酱油、蚝油、葱段、小米辣各适量。

制作程序:

1. 香菇洗净,放入水中浸泡至软;豆苗洗净;将冬笋洗净,切片。
2. 锅中加适量清水,烧沸,放入豆苗焯烫片刻,捞起,沥干水。
3. 另起锅,放油烧热,放入冬笋、香菇翻炒,再下入豆苗,调入葱段、小米辣、酱油、盐、蚝油,炒匀即可。

【操作要领】

豆苗焯至断生即可。

干贝芥菜

特点 | 可口诱人、色味俱全。

114

主辅料：
芥菜、水发干贝。

调料：
盐、鸡粉、食粉、食用油各适量。

制作程序：
1. 芥菜洗净。
2. 锅中注水烧开，加入食粉，倒入芥菜，煮至断生，捞出过凉水，去掉叶子后对半切开。
3. 注入适量清水，倒入干贝、芥菜，煮至食材熟透，加盐、鸡粉调味即可。

【操作要领】
干贝要事先泡发。

115
韭菜锅巴

特点 | 色泽鲜艳，味道鲜美。

主辅料：
锅巴、韭菜、红辣椒丝。

调料：
干辣椒、酱油、盐适量。

制作程序：
1. 锅巴掰成小片；韭菜洗净，切段；干辣椒洗净切小段。
2. 油锅烧热，放入锅巴，炸至金黄色时捞出来，备用。
3. 另起锅放油烧热，加入干辣椒、红椒丝煸炒出香味，再倒入韭菜、锅巴、酱油、盐翻炒，加少许水至韭菜炒熟即可。

【操作要领】
要用急火快炒。

116 红烧双菇

特点 | 青菜脆嫩，菌菇味美。

主辅料：

鸡腿菇、鲜香菇、上海青。

调料：

姜片、蒜末、葱段、盐、鸡粉、料酒、老抽、生抽、芝麻油、水淀粉、食用油各适量。

制作程序：

1. 鸡腿菇切片；香菇切段；上海青切小瓣。
2. 锅中注水，加盐、鸡粉、食用油、上海青、鸡腿菇、香菇，焯煮，捞出。
3. 用油起锅，放姜片、蒜末、葱段、鸡腿菇、香菇、料酒、老抽、生抽、清水、盐、鸡粉，炒匀。放水淀粉、芝麻油，炒匀，摆好盘即可。

【操作要领】

可以选用时令的青菜。

117 三鲜滑子菇

特点 | 味道鲜美，口感嫩滑。

主辅料：
滑子菇、午餐肉、鱿鱼、虾仁、青椒、红椒。

调料：
盐、醋、水淀粉各适量。

制作程序：
1. 滑子菇洗净；午餐肉洗净切三角片；鱿鱼洗净切花刀；虾仁洗净；青椒、红椒均洗净切片。
2. 热油锅，放午餐肉、鱿鱼、虾仁、滑子菇、青椒、红椒翻炒，放入盐、醋、水淀粉炒匀，起锅装盘即可。

【操作要领】
滑子菇可放入盐水中浸泡去掉盐分。

118 上汤西洋菜

特点 | 汤美清甜，菜品软烂。

主辅料：
西洋菜、红椒、熟咸蛋、松花蛋。

调料：
盐、葱丝各适量。

制作程序：
1. 西洋菜洗净；熟咸蛋取蛋白切丁，松花蛋去壳，均切成块；红椒洗净，切成块备用。
2. 油锅烧热，加入葱丝、红椒稍炒，加入温水、松花蛋、咸蛋，煮至汤色变白。
3. 再加入西洋菜、盐，煮至西洋菜变软即可盛出。

【操作要领】
做这道上汤菜需将西洋菜煮至软烂才好吃。

119 鲍汁扣花菇

特点｜口味浓香，鲜香四溢。

主辅料：
大花菇、西兰花。

调料：
盐、糖、鲍汁、生姜粉、红油各适量。

制作程序：
1. 花菇泡发洗净；西兰花洗净，掰成小朵备用。
2. 将花菇放入锅中，加水煮10分钟，捞出沥干；西兰花用开水焯熟。
3. 将花菇、鲍汁、盐、糖、生姜粉一起放入锅中炖煮15分钟，出锅，同西兰花一起摆盘，淋上红油即可。

【操作要领】
可以买市场售的鲍汁来做。

120 金沙玉米粒

特点｜色泽金黄，玉米酥脆。

主辅料：
玉米粒、玉米淀粉、熟咸鸭蛋黄。

调料：
盐适量。

制作程序：
1. 咸鸭蛋黄切碎；玉米粒洗净。
2. 将玉米淀粉放入容器中，加入玉米粒搅匀待用。
3. 锅中注油烧至八成热，下入玉米粒炸片刻，盛入盘中；锅中留底油烧热，放入咸蛋黄、玉米粒、盐翻炒均匀即可。

【操作要领】
玉米粒放进锅里炸，一开始不要去动，不要翻动太勤快，否则淀粉壳会全部跟玉米粒脱开。

121 干锅茶树菇

特点 | 菜品口味浓郁鲜香,香辣适口。

主辅料:

茶树菇、芹菜、白菜叶、红椒、青椒。

调料:

蒜末、姜末、干辣椒、花椒、八角、香叶、沙姜、草果、盐、鸡粉、生抽、食用油各适量。

制作程序:

1. 将洗净的青椒、红椒切粗丝;芹菜切长段,备用。热锅注油,烧至三成热,倒入洗净的茶树菇,拌匀。用小火炸约1分钟,捞出材料,沥干油,待用。
2. 用油起锅,放入姜末、蒜末,爆香。放入青椒丝、红椒丝、芹菜段,用大火快速炒至软。倒入炸好的茶树菇,炒匀,再加入盐、鸡粉、生抽。翻炒至食材入味,关火后盛出炒好的材料,待用。
3. 干锅置火上,倒入少许食用油烧热。放入干辣椒、花椒、八角、香叶、沙姜、草果爆香。洗净的白菜叶摆放整齐。再倒入炒过的材料,摆放好。盖上锅盖,用小火焖约2分钟,至菜叶熟透即可。

板栗焖香菇

特点 | 香菇滑软,配上板栗的浓香,美味可口。

122

主辅料：
去皮板栗、鲜香菇、去皮胡萝卜。

调料：
盐、鸡粉、白糖、生抽、料酒、水淀粉、食用油各适量。

制作程序：
1. 板栗对半切开；香菇切十字刀，成小块状；胡萝卜切滚刀块。
2. 用油起锅，倒入板栗、香菇、胡萝卜，翻炒均匀。
3. 加生抽、料酒，炒匀；注入清水，加盐、鸡粉、白糖，炒匀；加盖，用大火煮开后转小火焖15分钟。
4. 揭盖，淋入少许水淀粉勾芡即可。

【操作要领】
改滚刀块大小要一致。

123 鲜菇烩鸽蛋

特点 | 口味清香，营养丰富。

主辅料：
熟鸽蛋、鲜香菇、口蘑。

调料：
姜片、葱段、盐、鸡粉、蚝油、料酒、水淀粉、食用油各适量。

制作程序：
1. 将口蘑切小块；洗好的香菇切小块。
2. 锅中加清水、盐、食用油、口蘑、香菇，炒熟。
3. 捞出焯煮好的食材，沥干水分。
4. 油起锅，放姜片、葱段、口蘑、香菇，炒匀。
5. 放入熟鸽蛋、料酒，炒香。
6. 加蚝油、盐、鸡粉、清水、水淀粉，炒至入味即可。

124 干锅娃娃菜

特点 | 制作简单,营养丰富。

主辅料:

娃娃菜、干辣椒、蒜末。

调料:

盐、食用油、猪油、辣椒酱、高汤、鸡粉、蚝油、辣椒油各适量。

制作程序:

1. 洗净的娃娃菜切条。
2. 锅中倒水、盐、食用油煮沸,倒入娃娃菜条,焯熟后捞出。
3. 锅中放入猪油,煸香干辣椒、蒜末,倒入辣椒酱、高汤,烧开。
4. 加娃娃菜条、盐、鸡粉、蚝油、辣椒油拌匀。
5. 将娃娃菜条盛入干锅,倒入适量汤汁即成。

【操作要领】

喜欢娃娃菜软烂的,可以煮10分钟。

125 干锅双笋

特点 | 鲜嫩可口，口味微辣。

主辅料：

竹笋、莴笋、干辣椒。

调料：

蒜苗段、盐、鸡精、辣椒油、红油、豆豉、火腿各适量。

制作程序：

1. 竹笋洗净，切段；莴笋洗净，切条；干辣椒洗净，切段；火腿洗净切条。
2. 炒锅注油烧热，放入干辣椒段、豆豉、蒜苗段炒香，加入火腿条、竹笋段、莴笋条爆炒。
3. 调入盐、鸡精、辣椒油、红油，装入干锅即可。

【操作要领】

油一定要多，因为笋比较吃油。

126 干锅白萝卜

特点 | 色泽鲜艳，香辣可口。

主辅料：

白萝卜、猪肉。

调料：

红椒末、蒜苗段、干锅油、盐、生抽、鲜汤各适量。

制作程序：

1. 白萝卜洗净切片；猪肉洗净，切片。
2. 锅倒油烧热，放猪肉炒至出油，再倒入白萝卜炒至四成熟，盛出。
3. 锅内留油，放红椒末、猪肉、白萝卜，倒入鲜汤，放盐、蒜苗段、生抽，淋上干锅油，盛入干锅内即可。

草菇芥蓝 127

特点 | 芥蓝翠绿爽口，草菇清淡味美。

主辅料：
草菇、芥蓝。

调料：
盐、酱油、蚝油各适量。

制作程序：
1. 将草菇洗净，对半切开；芥蓝削去老、硬的外皮，洗净。
2. 锅中注水烧沸，放入草菇、芥蓝焯烫，捞起装盘。
3. 另起锅，倒油烧热，放入草菇蓝，调入盐、酱油、蚝油炒匀装盘即可。

【操作要领】
芥蓝焯水至断生即可。

酱香茶树菇 ❀ 128

特点 | 味美，柄脆，香浓纯正。

主辅料：

茶树菇、瘦肉、青椒、红椒、豆瓣酱、去皮胡萝卜。

调料：

盐、鸡粉、料酒、生抽、水淀粉、食用油各适量。

制作程序：

1. 洗净的瘦肉、去皮胡萝卜、青椒、红椒切丝。取一碗，放入瘦肉，加入盐、料酒、水淀粉，拌匀，腌渍片刻，使其上浆。
2. 锅中注入适量清水烧开，倒入茶树菇，焯煮片刻，关火后捞出焯煮好的茶树菇，沥干水分，装入盘中备用。
3. 用油起锅，倒入瘦肉，炒至转色，放入豆瓣酱，炒匀，倒入胡萝卜、青椒、红椒、茶树菇，炒匀。
4. 加入生抽、鸡粉，炒匀，注入适量清水，翻炒约2分钟至食材熟软，关火后盛出炒好的菜肴，装入盘中即可。

129 江山鸡豆花

特点 | 形似豆花，质地滑嫩，汤清肉白，鲜美异常。

主辅料：

鸡胸肉、豌豆、鸡蛋清。

调料：

葱末、高汤、水淀粉、盐、豆瓣酱、红油、酱油、香菜末各适量。

制作程序：

1. 鸡胸肉剁成蓉，加高汤、鸡蛋清、水淀粉、盐和匀蒸熟；豌豆洗净。
2. 油锅烧热，下入豆瓣酱、红油、酱油、豌豆炒熟，淋在鸡豆花上，撒上葱末、香菜即可。

【操作要领】

鸡肉捶茸，如筋末去尽，就不可能有豆花式的细嫩之质。

130 川府嫩豆花

特点 | 鲜嫩的豆花，入口即化，既营养又美味。

主辅料：

豆花、枸杞。

调料：

葱、蒜、姜、红油、味精、盐各适量。

制作程序：

1. 豆花舀入清水中浸泡；枸杞洗净，蒸熟，撒在豆花上；葱、蒜、姜均洗净，切碎。
2. 油锅烧热，将葱、蒜、姜、红油、味精、盐放入锅内，爆炒至香气浓郁，装入小碗中作为蘸料食用。

【操作要领】

喜欢吃甜的可以加糖浆或糖。

131 鱼香脆皮豆腐

特点 | 外焦里嫩，香辣美味。

主辅料：

日本豆腐、生姜、大蒜、葱、灯笼泡椒。

调料：

陈醋、辣椒油、白糖、味精、盐、生抽、老抽、生粉、水淀粉、食用油各适量。

制作程序：

1. 葱洗净切葱花；生姜、大蒜、灯笼泡椒均洗净切末。
2. 豆腐切段，加生粉，入油锅炸黄，捞出装盘。
3. 锅留油，爆香大蒜末、生姜末，加入灯笼泡椒末。
4. 倒水、陈醋、辣椒油、白糖、味精、盐、生抽、老抽。
5. 加水淀粉调成稠汁，放豆腐煮入味，装盘浇汤汁，撒上葱花即可。

【操作要领】

炸日本豆腐时一定要用大火，并用勺子在锅中慢慢搅动，这样可以避免豆腐块在炸的时候粘在一起。

132 香辣铁板豆腐

特点｜味道鲜美，做法简单。

主辅料：
豆腐、辣椒粉、蒜末、葱花、葱段。

调料：
盐、鸡粉、豆瓣酱、生抽、水淀粉、食用油各适量。

制作程序：
1. 豆腐切小方块。
2. 热锅注油，烧至六成热，倒入豆腐，炸至金黄色，捞出，沥干油，待用。
3. 锅底留油，倒入辣椒粉、蒜末，爆香；放入豆瓣酱、清水，炒匀，煮沸；加生抽、鸡粉、盐、豆腐，炒匀；淋入水淀粉勾芡。
4. 取烧热的铁板，淋入食用油，摆上葱段，盛上炒好的豆腐，撒上葱花即可。

【操作要领】
豆腐用盐水浸泡之后，制作的过程中不容易碎。

133 豆腐酿肉馅

特点 | 有豆腐的脆嫩，有肉的鲜美，老幼咸宜。

主辅料：

豆腐、猪肉、辣椒。

调料：

盐、淀粉、酱油、鱼香汁、白糖各适量。

制作程序：

1. 猪肉洗净，切碎；豆腐洗净切大块；辣椒洗净，切粒；酱油、白糖调成鱼香汁。
2. 豆腐中间挖一小口，放入肉馅；油烧热，放入豆腐煎熟后捞出。
3. 油烧热，倒入剩余猪肉和辣椒翻炒，豆腐回锅，加入盐、鱼香汁稍煮，用水淀粉勾芡装盘。

134 锅塌酿豆腐

特点 | 豆腐鲜嫩滑润，口味鲜美。

主辅料：

豆腐、肉末馅、豌豆、水发香菇、胡萝卜、蛋液、高汤、葱花。

调料：

盐、鸡粉、蚝油、生粉、水淀粉、食用油各适量。

制作程序：

1. 胡萝卜、香菇切丁；豆腐切厚片。
2. 取豆腐片，盛入肉末馅、蛋液、生粉，制成豆腐盒生坯。煎锅注油，放生坯，煎金黄，注入高汤，煮至熟。
3. 另起锅，加食用油，烧热，倒入香菇丁，炒匀。放胡萝卜丁、豌豆，炒出香味，注入余下的高汤。
4. 加盐、蚝油、鸡粉、水淀粉，浇在豆腐盒上即可。

八珍豆腐   135

特点 | 豆腐入口即化，八珍鲜美可口。

主辅料：

盒装豆腐、皮蛋、咸蛋黄、榨菜、松仁、肉松、红椒、葱。

调料：

生抽、盐、糖、胡椒粉、麻油各适量。

制作程序：

1. 将豆腐切成小块，入沸水中烫熟，放入盘中。
2. 皮蛋去壳切条，咸蛋黄切碎，榨菜切碎，和松仁、肉松一起拌入豆腐中。
3. 将洗净的红椒、葱切碎，与生抽、盐、糖、胡椒粉、麻油一起调匀，淋入盘中即可。

【操作要领】

八珍料可以根据自己的喜好任意搭配食材，最好有荤有素，这样比较有营养！

百花蛋香豆腐 136

特点 | 鲜嫩滑润,口味鲜美。

主辅料:
日本豆腐、虾胶、蛋黄、上海青。

调料:
陈醋、辣椒油、白糖、味精、盐、生抽、老抽、生粉、水淀粉、食用油各适量。

制作程序:
1. 日本豆腐切圆筒,中间挖空;蛋黄切粒。
2. 将白糖、盐加入虾胶里,搅匀后酿在挖空的豆腐中间,将蛋黄放在虾胶上,蒸熟后将豆腐取出;上海青焯熟,围在豆腐周围;水烧开,入盐,用水淀粉勾芡后淋入盘中即可。

【操作要领】
制作过程中避免把豆腐弄破。

风味柴火豆腐 137

特点 | 豆腐浓郁鲜香，开胃下饭。

主辅料：
豆腐、五花肉、香辣豆豉酱、朝天椒、蒜末、葱段。

调料：
盐、鸡粉、生抽、食用油各适量。

制作程序：
1. 将朝天椒切圈；洗好的五花肉切薄片；洗净的豆腐切长方块。
2. 用油起锅，放入豆腐块，煎出香味，撒上盐，煎至两面焦黄，盛出，待用。
3. 另起锅，注油烧热，放入肉片，炒至转色，放入蒜末、朝天椒圈、香辣豆豉酱，淋上生抽，放入清水、豆腐块，拌匀。
4. 大火煮沸，加入盐、鸡粉，拌匀，转中小火煮至食材熟透，倒入葱段，大火炒出葱香味，盛出菜肴，装在盘中即成。

蟹黄豆腐 ❀ 138

特点｜咸中带鲜，香鲜可口，另具风味。

主辅料：
豆腐、咸蛋黄、蟹柳。

调 料：
盐、蟹黄酱各适量。

制作程序：
1. 豆腐洗净切碎，装盘；咸蛋黄捣碎；蟹柳洗净，入沸水烫熟后切碎。
2. 油锅烧热，放入咸蛋黄、蟹黄酱略炒，调入盐炒匀，出锅盛在豆腐上。
3. 豆腐放入蒸锅蒸10分钟，取出，撒上蟹柳碎即可。

【操作要领】
豆腐也可不切碎直接入锅蒸制。

139 铁板日本豆腐

特点 | 豆腐外酥里嫩，简单好吃。

主辅料：
日本豆腐、肉末、红椒、洋葱丝、姜片、蒜末、葱段、香菜末。

调料：
盐、白糖、鸡粉、辣椒酱、老抽、料酒、生粉、水淀粉、食用油各适量。

制作程序：
1. 日本豆腐切小段，装盘，撒上生粉；红椒切小段。
2. 热锅注油，烧至四成热，放入日本豆腐，炸至金黄色，捞出，沥干油。
3. 锅底留油烧热，倒入姜片、蒜末、葱段，爆香；放入肉末，炒至变色；淋入料酒，加生抽，炒匀；倒入清水，放入红椒，炒匀。
4. 加生抽、辣椒酱、盐、鸡粉、白糖调味；汤汁沸腾后倒入日本豆腐，煮至入味；淋水淀粉勾芡，盛入洋葱铺底的预热铁板上，撒上香菜末即可。

【操作要领】
日本豆腐极嫩，比较容易碎，滚生粉可以找一个大一点的碗。

流行川菜

【第三篇·汤菜卷】

有一种说法：营养尽在汤中。川人说"川戏的腔，川菜的汤"。说明汤菜尽管不是宴席的主角，但却是最佳的配角。中国人相当重视喝汤和研究怎么做好汤菜。

001 萝卜牛尾汤

特点 | 炖出来的汤有淡淡的萝卜甜味，非常好喝。

主辅料：
竹笋、牛尾、白萝卜、煮鸡蛋、葱。

调料：
盐、胡椒粉各适量。

制作程序：
1. 萝卜洗净切块；鸡蛋去壳；葱洗净，取葱白切段；牛尾洗净切小段；竹笋切成丝。
2. 牛尾放入锅中，加入清水适量煮沸，用小火炖至熟透，再加入竹笋、白萝卜、煮鸡蛋、葱白。
3. 调入盐、胡椒粉，稍煮至入味即可离火。

002 白萝卜炖牛肉

特点 | 此汤营养丰富、味道鲜美。

主辅料：
牛肉、白萝卜。

调料：
盐、香菜各适量。

制作程序：
1. 萝卜洗净去皮，切块；牛肉洗净切块，氽水后沥干。
2. 锅中倒水，下入牛肉和白萝卜煮开，转小火熬约35分钟。
3. 加盐调好味，撒上香菜即可。

【操作要领】
牛肉不宜切块太小。

003
当归羊肉汤

特点 | 汤色清亮,温中补血。

主辅料:
羊肉、当归。

调料:
生姜、精盐各适量。

制作程序:
1. 羊肉剁块,入沸水中汆烫后捞出冲净。
2. 姜洗净,微拍裂。
3. 将羊肉、姜放入炖锅,加6碗水,以大火煮开,转小火慢炖1小时。
4. 加入当归续煮15分钟,加盐调味即可。

【操作要领】
水应一次性掺够,中途不能加水。

玉米须芦笋鸭汤　　✿ 004

特点 | 营养丰富，清热下火。

主辅料：

鸭腿、玉米须、芦笋、姜片。

调料：

料酒、盐、鸡粉各适量。

制作程序：

1. 洗净的芦笋切段；鸭腿斩成小块，入沸水中汆去血水，捞出，沥干。
2. 砂锅注水烧开，放入姜片、鸭腿块、玉米须，淋入适量料酒，搅拌匀。
3. 烧开后转小火炖40分钟至熟；倒入芦笋；加入适量鸡粉、盐。
4. 把煮好的汤料盛出，装入碗中即可。

【操作要领】

鸭块不宜太大，以入口方便为宜。

005 莲藕炖排骨

特点 | 藕香软糯,排骨耙软。

主辅料:
莲藕、排骨。

调料:
盐、味精、葱各适量。

制作程序:
1. 莲藕洗净,切成块;猪排骨洗净,剁块;葱洗净切末。
2. 锅内注水,放入猪排骨焖煮约30分钟后,加入莲藕、盐。
3. 焖煮至莲藕熟时,加入味精调味,起锅装碗撒上葱末即可。

【操作要领】
注意原料下锅时间。

006 羊肉炖萝卜

特点 | 营养丰富,且味道鲜美,可增强食欲。

主辅料:
羊肉、白萝卜、枸杞。

调料:
盐、胡椒粉、料酒、香菜各适量。

制作程序:
1. 羊肉、白萝卜均洗净,切块;香菜洗净,切段。
2. 将羊肉放入锅中,加适量清水,调入盐,大火烧开,改小火煮约1小时。
3. 放入白萝卜煮熟,加入枸杞、香菜段、胡椒粉、料酒即可。

【操作要领】
羊肉做汤,调料要少放,原汁原味的羊肉萝卜汤才好喝。

007 白果炖鸡

特点 | 汤色白润，鸡肉鲜美，白果清香软糯。

主辅料：

光鸡、白果、猪骨头、猪瘦肉。

调料：

葱、香菜、姜、枸杞各适量。

制作程序：

1. 猪瘦肉洗净，切块；姜拍扁。
2. 锅中注入清水，放入猪骨头、光鸡肉和猪瘦肉块。加盖，用大火煮开，捞起装盘。砂煲置于旺火上，加入适量水，放入姜、葱。
3. 放入猪骨头、光鸡肉、猪瘦肉块和白果，烧开后转小火煲2小时。
4. 调入盐、胡椒粉，加入枸杞点缀。
5. 除去葱、姜，撒入香菜即可。

008 萝卜炖大骨汤

特点 | 味道清淡，汤味儿咸鲜又浓郁。

主辅料：

大骨、白萝卜、胡萝卜。

调料：

盐、葱花、醋各适量。

制作程序：

1. 大骨砸开洗净；白萝卜去皮，洗净，切块；胡萝卜洗净，切块。
2. 大骨、白萝卜、胡萝卜放入高压锅内，放入适量清水，滴几滴醋，压阀炖30分钟。
3. 放适量盐调味，撒上葱花即可。

【操作要领】

大骨在炖制前，一定要焯尽血水，以免成菜汤汁浑浊。

009 人参鸡汤

特点 | 汤色乳白，味道鲜美，滋补养身。

主辅料：
童子鸡、高丽参、板栗、红枣、葱、枸杞、泡好的糯米。

调料：
盐、胡椒粉各适量。

制作程序：

1. 鸡治净，将洗净的板栗、红枣、葱段、枸杞、高丽参、糯米放入鸡肚中。
2. 锅中注适量水，放入鸡炖40分钟。
3. 炖至熟，调入盐、胡椒粉，2分钟后即可食用。

【操作要领】
最好能把其他所有的材料放到鸡肚里面煲汤。

010 珍珠三鲜汤

特点 | 汤色艳丽，味道鲜美，营养丰富，可使胃口大开。

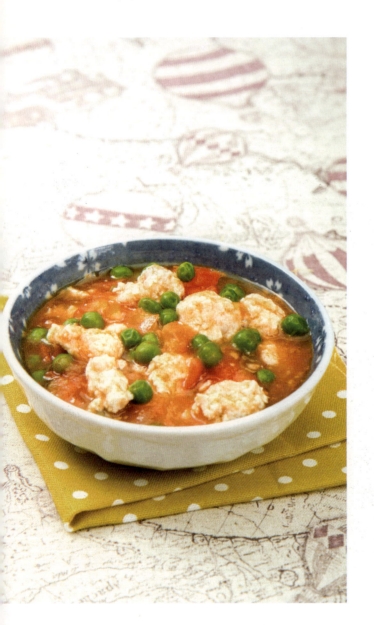

主辅料：

鸡肉、胡萝卜、豌豆、西红柿、蛋白。

调料：

盐、生粉、芝麻油各适量。

制作程序：

1. 豌豆洗净；胡萝卜、西红柿分别洗净、切丁；鸡肉洗净后，剁成肉泥。
2. 把蛋白、鸡肉泥与生粉放在一起，搅拌均匀，再捏成丸子状。
3. 将豌豆、胡萝卜及西红柿放入锅中，加水煮沸，再下盐搅拌均匀，最后放入丸子一起熬煮，待入味后，撒上芝麻油增香即可起锅。

【操作要领】

鸡肉易熟，不用久煮。

011
老龟汤

特点 | 清淡鲜美，滋补养身。

主辅料：

老龟、党参、红枣、排骨、天麻。

调料：

盐、味精各适量。

制作程序：

1. 老龟宰杀洗净；排骨砍小段洗净；红枣、党参、天麻洗净。
2. 将以上所有材料装入煲内，加入适量水，以小火煲3小时。
3. 加入盐、味精调味即可。

【操作要领】

一定要去掉老龟身上所有黄色的脂肪。

012
酸萝卜江团鱼汤

特点 | 鱼汤营养美味，鲜美可口。

主辅料：

江团鱼、酸萝卜。

调料：

高汤、香菜、红椒、盐、鸡精、料酒各适量。

制作程序：

1. 江团鱼治净，加盐和料酒腌渍；酸萝卜洗净切丁；香菜洗净切段；红椒去蒂洗净切圈。
2. 锅注油烧热，下入江团鱼稍煎，加高汤煮开，放酸萝卜、红椒、盐、鸡精煮熟，撒上香菜。

【操作要领】

鱼不宜煮太久，否则影响口感。

013 杂菌鲜虾汤

特点 | 菌香与鲜虾水乳交融，清香、鲜滑，简单又丰富。

主辅料：
金针菇、香菇、杏鲍菇、鲜虾、葱花。

调料：
料酒、盐、食用油各适量。

制作程序：
1. 洗净食材。金针菇切去根部，香菇去蒂切小片，杏鲍菇切薄片。
2. 备好电饭锅，注入适量的清水，倒入金针菇、香菇、杏鲍菇、料酒和食用油。
3. 盖上锅盖，按下"靓汤"键，煮20分钟。
4. 打开锅盖，倒入处理好的鲜虾，搅拌匀，按"蒸煮"键，续煮10分钟。
5. 掀开锅盖，放入盐、葱花调味，即可盛入碗中。

014 草菇竹荪汤

特点 | 味道鲜美，汤汁清淡。

主辅料：
草菇、竹荪、上海青。

调料：
盐、味精各适量。

制作程序：
1. 草菇洗净，用温水焯过后待用；竹荪洗净；上海青洗净。
2. 锅置于火上，注油烧热，放入草菇略炒，注水煮沸后下入竹荪、上海青。
3. 至沸时，加入盐、味精调味即可。

【操作要领】
泡发竹荪时也可以用淡盐水。发好后，要剪掉竹荪封闭的那一端，以免有怪味影响口感。